千米深井冲击地压防控技术

——以张双楼煤矿为例

张　雷　罗武贤　李　兵
徐大连　朱彦飞　朱金标　　著

U0337680

中国矿业大学出版社
·徐州·

内 容 提 要

本书主要介绍了张双楼煤矿近 10 年的冲击地压研究成果,以巷道掘进"超前三维应力场优化"的冲击地压控制技术体系为支撑,介绍了煤层巷道掘进全空间、全断面超前三维应力场卸压优化技术,包括巷道掘进全断面卸压技术、开切眼掘进的区域整体卸压技术、顶板深孔预裂爆破进行"人造保护层"技术,形成了断层滑动模式与能量控制释放技术、扇形步距式控顶爆破技术、沿空巷道小孔径密集切顶护巷技术等一系列具有首创性的冲击地压防控技术,对同类矿井具有借鉴作用。

本书可供煤岩动力灾害、隧道开挖支护、岩土工程等领域的科技工作者参考使用,亦可作为高等学校矿业工程学科研究生和高年级本科生的参考用书。

图书在版编目(CIP)数据

千米深井冲击地压防控技术:以张双楼煤矿为例/
张雷等著.—徐州:中国矿业大学出版社,2020.12
　ISBN 978-7-5646-4877-0

Ⅰ.①千… Ⅱ.①张… Ⅲ.①煤矿—深井—冲击地压
—灾害防治 Ⅳ.①TD324

中国版本图书馆 CIP 数据核字(2020)第 241801 号

书　　名	千米深井冲击地压防控技术——以张双楼煤矿为例
著　　者	张　雷　罗武贤　李　兵　徐大连　朱彦飞　朱金标
责任编辑	赵朋举　黄本斌
出版发行	中国矿业大学出版社有限责任公司
	(江苏省徐州市解放南路　邮编 221008)
营销热线	(0516)83884103　83885105
出版服务	(0516)83995789　83884920
网　　址	http://www.cumtp.com　E-mail:cumtpvip@cumtp.com
印　　刷	苏州市古得堡数码印刷有限公司
开　　本	787 mm×1092 mm　1/16　印张 11　字数 275 千字
版次印次	2020 年 12 月第 1 版　2020 年 12 月第 1 次印刷
定　　价	42.00 元

(图书出现印装质量问题,本社负责调换)

前　言

　　我国埋深在 1 000 m 以下的煤炭资源占已探明资源总量的 50% 以上,深部开采是我国煤炭工业发展的必然趋势。进入千米以下深部矿井开采,以矿震、冲击地压、煤与瓦斯突出等为代表的动力灾害发生频度与致灾烈度呈急剧上升态势,严重制约着深部煤炭资源的安全高效开采。冲击地压是煤矿开采空间围岩突然破坏,释放大量能量的一种强烈动力现象,具有突发性、瞬时震动性、巨大破坏性和复杂性的特点。近年来,千米矿井发生了多起冲击地压事故,引起国家和社会的高度关注。为有效防止冲击地压事故的发生,需深入研究和解决冲击地压的源头治理工作。

　　江苏徐矿能源股份有限公司张双楼煤矿为冲击地压矿井,部分采掘工作面采深超千米。江苏徐矿能源股份有限公司和张双楼煤矿对冲击地压防控工作高度重视,建立了完整的防冲机构、防冲管理制度、防冲监测系统,形成了符合张双楼煤矿地质与生产技术条件的防冲技术体系。多年来,张双楼煤矿通过与科研院校合作,开展了关于深部冲击地压机理与监测预警、三维应力场优化、冲击应力异常区能量稳态释放、坚硬顶板定向水力致裂、顶板小孔径密集切顶护巷、煤层合成区冲击危险防治等课题研究,创新提出与应用了超前肩角钻孔预卸压、扇形步距式控顶爆破卸压、顶板深孔爆破人造保护层、大直径煤层钻孔结合高压注水全域卸压等技术,自 2011 年以来杜绝了冲击地压灾害,近三年来未发生冲击动力现象,冲击地压防控效果良好。本书即张双楼煤矿多年来冲击地压防控工作的总结。

　　全书共 7 章。第 1 章介绍了张双楼煤矿开采的基本情况,分析了矿井冲击地压的历史与特点;第 2 章研究分析了影响张双楼煤矿冲击地压的主要地质与生产技术因素,得出了张双楼煤矿冲击地压主控因素与冲击地压类型;第 3 章从理论上研究了张双楼煤矿巷道掘进冲击机理,分析了诱导冲击地压与阻止冲击地压的因素以及其作用规律;第 4 章介绍了张双楼煤矿冲击地压评价方法与危险区域划分方法,并举例说明了评价指数取值方法;第 5 章介绍了张双楼煤矿冲击地压监测预警技术体系与预警云平台系统;第 6 章介绍了张双楼煤矿冲击地压防控技术体系,结合张双楼煤矿实际的防冲经验,从区域防冲技术、局部防控技术、三维应力场优化防冲技术、全断面卸压掘进技术、巷道防冲支护技术、构造与相变区防冲技术、典型千米工作面防冲技术、特殊地段与区域防冲技术等方面系统地介绍了张双楼煤矿冲击地压防治技术参数与实施过程;第7章介绍了张双楼煤矿防冲管理体系。

在本书编写过程中,作者参阅了国内外大量有关冲击地压的文献,在此谨向文献的作者表示感谢。感谢何满潮院士、窦林名教授、潘一山教授、姜福兴教授、齐庆新教授、牟宗龙教授、曹安业教授、贺虎副教授、巩思园副研究员、何江副教授、蔡武副教授、潘俊峰研究员对张双楼煤矿冲击地压防控工作的指导。本书的出版离不开江苏徐矿能源股份有限公司及张双楼煤矿领导的鼓励与支持,在此对提供帮助的领导表示衷心感谢!感谢张双楼煤矿防冲管理科与防冲创新工作室各位同事,他们在书稿的文字录入、绘图、排版和校对等方面的辛勤劳动,使本书得以尽快出版。

由于作者水平有限,书中难免存在疏漏之处,敬请广大读者不吝指正。

著 者

2020 年 10 月

目　　录

1　张双楼煤矿开采冲击地压概况

1.1　矿井简介

1.1.1　矿井开采的基本情况

张双楼煤矿位于江苏省徐州市沛县安国镇境内,始建于 1979 年 1 月,设计生产能力为 120 万 t/a,1986 年 12 月建成投产。2009 年 6 月,经江苏省经济贸易委员会核定,生产能力变更为 225 万 t/a。根据超千米冲击地压矿井核减产能 20% 的要求,2019 年 3 月生产能力核定为 180 万 t/a。

井田有铁路专用线与徐沛铁路接轨,通过徐沛铁路与陇海线、符夹线相连。有煤矿至大屯镇公路与徐济公路相通,东有京杭大运河可进行水路运输,交通甚为便利。

矿井主、副井井口标高为 +38.5 m,采矿许可证载定开采标高为 -200～-1 200 m。井田走向长 13.5 km,倾斜宽 2.9 km,面积约为 37.86 km²。井田范围:东起 F_1 断层,西到 F_{24} 断层,南自太原组 21 煤层露头线,北到 7 煤层底板 -1 200 m 水平等高线。

矿井采用立井上下山开拓方式。目前共有 5 个井筒,一个主井、两个副井、两个风井,通风方式为对角式,采用机械抽出式通风。主要开采二叠系下统山西组 7、9 煤层,倾角均在 15°～30° 内,平均厚度分别为 2.49 m 和 3.33 m。

全矿井采用走向长壁采煤法采煤工艺,实现综合机械化采煤,全部垮落法管理采空区顶板。目前采掘活动主要集中在 -500 m 西一采区、-1 000 m 延深采区、-1 000 m 西三下山采区。

1.1.2　矿井地质

(1) 地层

矿区地层属华北型地层,煤系为石炭、二叠系,均为第四系或侏罗-白垩系所覆盖。区内揭露的地层有奥陶系下统肖县组(未揭穿)、马家沟组,奥陶系中统阁庄组、八陡组,石炭系上统本溪组、太原组,二叠系下统山西组、下石盒子组,二叠系中统上石盒子组,侏罗-白垩系以及第四系。现按地层生成顺序叙述如下:

① 奥陶系下统萧县组(O_1x)

本区仅一个钻孔揭露,最大揭露厚度为 125 m。岩性为灰～灰白色微带肉红色白云岩、灰质白云岩,夹灰黑色微晶灰岩、泥砾灰岩。

② 奥陶系下统马家沟组(O_1m)

本区仅一个钻孔全层揭露,全组厚度约为 198 m。岩性上部为灰色或呈浅褐色隐晶质灰岩夹薄层白云岩和含白云质灰岩;岩性下部为似豹斑状灰岩,夹泥质条带,与下伏萧县组呈整合接触。

③ 奥陶系中统阁庄组(O_2g)

本区仅个别钻孔揭露,全组厚度约为 113 m。岩性由浅灰、灰白或浅褐色微晶状白云岩、灰质白云岩夹薄层泥灰岩、灰岩组成,与下伏马家沟组地层呈整合接触。

④ 奥陶系中统八陡组(O_2b)

本区仅个别钻孔揭露,全组厚度约为 25 m。岩性由灰～棕灰色厚层状质纯隐晶质灰岩夹薄层灰绿色泥岩组成,与下伏阁庄组呈整合接触。

⑤ 石炭系上统本溪组(C_2b)

本区仅少数钻孔揭露,全组厚度为 20～38 m,平均厚度为 29 m,为海陆交替相沉积。岩性中、上部主要由浅灰色致密状灰岩夹灰绿色、杂色泥岩组成。岩性下部为绛紫色泥岩及褐黄色铝土质泥岩,偶含薄层灰岩。岩性底部为一层绛紫色铁质泥岩,与八陡组呈假整合接触。

⑥ 石炭系上统太原组(C_2t)

本区大多数钻孔揭露,全组厚度为 145～179 m,平均厚度为 159 m,本组地层为海陆交互相沉积,是本区主要含煤地层之一,沉积旋回清晰,标志层明显。无名灰上、九灰下赋存 17 煤层,十二灰下赋存 21 煤层,为本区主要可采煤层。岩性底部以一层铝质泥岩,与下伏本溪组分界,呈整合接触。

⑦ 二叠系下统山西组(P_1s)

该组地层为本区主要含煤地层之一,整合于太原组之上,全组厚度为 93～185 m,平均厚度为 113 m。本组地层属过渡相沉积,沉积旋回明显,大体可分为 3 个沉积旋回,含煤 1～5 层,其中 7、9 煤层为本区主采煤层。

⑧ 二叠系下统下石盒子组(P_1x)

该组地层为本区含煤地层之一,全组厚度为 161～247 m,平均厚度为 220 m。本组地层为内陆湖泊沼泽相沉积。岩性局部发育有 1～2 层薄煤,均不可采,底部为一层灰白～灰绿色中粗粒砂岩(俗称分界砂岩),全区稳定,为本区对比标志层,本组地层与下伏山西组呈整合接触。

⑨ 二叠系中统上石盒子组(P_2sh)

本区揭露残留地层厚度为 12～175 m,平均厚度为 101 m。岩性上部以杂色泥岩、砂质泥岩为主,间夹薄层灰绿、绛紫色砂岩,下部以紫红、灰绿色中细粒砂岩为主,底部为紫色或灰白色中～粗粒含砾石英砂岩(奎山砂岩),与下伏下石盒子组呈整合接触。

⑩ 侏罗-白垩系(J-K)

本区内揭露残留地层最大厚度为 509 m,平均为 290 m。岩性上部由深灰、暗紫色泥岩、砂质泥岩夹砂岩组成,与下伏地层呈不整合接触。

⑪ 第四系(Q)

本组地层为一套松散沉积物,由黏土、砂质黏土、细中粗砂及砂砾层组成,与下伏地层呈不整合接触,厚度为 196～319 m,平均厚度为 250 m,在井田走向上由东北向西南增厚,倾向上中深部最薄,向两侧逐渐增厚。

(2)矿井地质构造

张双楼井田是一个被东、西、南边界断层包围的相对独立的、完整封闭的地质构造单元，为一倾向NNW，走向略有变化的单斜构造，地层倾角一般在18°～25°，井田内以张性断层为主，压性断层较少；从走向可分为两组，其中第一组为NE向压扭性断裂，第二组为NW向张扭性断裂，岩浆岩沿张性断裂侵入煤层，局部使煤层变为天然焦，侵入最高层位为山西组7煤层，地面三维地震勘探及井下采掘揭露陷落柱共有10个，其中井下实际揭露为6个。

① 断层

通过钻探与三维地震勘探，矿井共发现大中型断层43条，其中正断层34条，逆断层9条。矿井主要断层产状要素及控制情况见表1-1。

表1-1 矿井主要断层产状要素及控制情况一览表

序号	名称	性质	产状要素				位置	延伸长度/m	钻孔控制点	控制程度
			走向	倾向	倾角/(°)	落差/m				
1	F_1	正	NE15°～NE40°	SE	70	>1 000	3线以东	4 000	Z58、Z1、构1、Z5	可靠
2	F_{1-1}	正	NE40°～NE60°	SE	45	20	1～4线	1 500	Z6	可靠
3	F_{1-2}	正	NE40°～NE60°	SE	45	50～55	1～4线	1 500	Z6	可靠
4	F_3	正	近EW	S	65	0～22	2～7线	2 000	Z8、58-25、G10、Z15	可靠
5	F_4	正	NE15°	NW	65	0～15	0～1线	1 000	Z3	较可靠
6	F_5	正	近EW	S	55～65	35～50	1～3线	1 700	Z4、Z52	可靠
7	F_6	正	NE45°	SE	65	0～10	1～0线	600	Z61	较可靠
8	F_9	正	近EW	S	45～60	20～120	1～17线	9 800	Z61、1-1、3-1、G2、Z65、G1、11-1、12-2、14-2、15-3	可靠
9	F_{9-1}	正	NE50°	SE	55	20～55	5～7线	1 000	G1、Z65	可靠
10	F_{9-2}	正	NE75°	SE	45	20	16线	800	16-2	较可靠
11	F_{11}	逆	NE5°～NE15°	SE	20～30	0～40	10～12线	1 500	Z27、Z55	可靠
12	F_{11-1}	逆	NE20°～NE35°	NW	60～65	0～20	10～12线	1 500	Z28、75-22	可靠
13	F_{15}	逆	NE47°	NW	65	0～65	16～17线	2 000	Z36、Z60孔穿过	可靠
14	F_{16}	逆	NE20°～NE60°	NW	70～75	15～90	14～21线	4 500	水30、75-8、5-6、16-1、15-3、14-4	可靠
15	F_{16-1}	逆	NE22°	NW	70～75	0～20	16～17线	1 000	Z41、16-1	可靠
16	F_{19}	逆	NE20°～NE45°	NW	70～75	0～45	17～22线	3 000	G-4、Z45、185、5-12	可靠
17	F_{20}	正	近EW	S	75	>1 000	23线以西	1 000	475-9	较可靠
18	F_{21}	正	近EW	S	75	30～35	23线以东	1 000	5-28	较可靠
19	F_{22}	正	近EW	S	75	65～75	21线以西	2 000	5-23、5-36	可靠
20	F_{24}	正	SN	W	75	>300	25线	4 000	5-27、5-38	可靠
21	F_{24-1}	正	SN	W	75	20～35	24～25线	1 600	5-27	较可靠
22	F_{25}	正	NW62°	NE	55～80	30～70	4～6线	1 900	4-1、6-2	可靠

② 褶曲

井田范围内的褶曲主要有冯家～汪堂向斜、后周田～陈窑背斜、张庄～王庄向斜、八堡～王庄背斜、赵五楼东向斜、赵五楼背斜等 6 条。

③ 陷落柱

井田内经地面三维地震勘探和井下实际揭露,共发现陷落柱 10 个,其中井下巷道揭露有 6 个,地震勘探工程发现 4 个,主要集中于西二以西和－750 m 水平以上采区。

（3）矿井水文地质

张双楼井田位于丰沛煤田中部,丰沛煤田为一复式向斜盆地,区内地层平缓,断层发育,深大断层构成了煤田内各井田的自然边界,也使各井田成为相对独立的水文地质单元。

张双楼井田基岩含水层,包括煤系地层含水层和奥陶系灰岩含水层均有隐伏露头,被第四系地层直接覆盖。东部、西部、南部均为落差大于 1 000 m 的断层,其外围都有巨厚的 J-K 系红色泥岩、粉砂岩弱含水系,对本区补给很弱。区内基岩地层向 NW 倾斜,其上部亦有巨厚的 J-K 系红色岩系,向北约 10 km 的距离为三河尖-姚桥断层,其落差大于 1 000 m,南降北升,隔绝了由北向南的基岩水力联系。其上部的第四系地层厚度为 196～319 m,虽然各含水层水是来自大气降水入渗,且第四系第Ⅲ段砂层含水量较大,但第四系下部有一层厚达72 m 的黏土隔水层段,底砾层多为砂泥质充填,含水性弱,故其顶部补给缓慢而微弱。

综上所述,本区地下水为一个四周隔水、顶部弱隔水的相对封闭的水文地质单元。区内随着矿井排水,各含水层水位在持续下降,这表明在消耗其静储量。

（4）矿井瓦斯

2018 年,张双楼煤矿瓦斯鉴定等级为低瓦斯矿井,CH_4 相对涌出量为 1.63 m^3/t,绝对涌出量为 6.75 m^3/min;CO_2 相对涌出量为 3.67 m^3/t,绝对涌出量为 15.21 m^3/min。

（5）矿井可采煤层顶底板岩性

① 7 煤层顶底板岩性

7 煤层直接顶板大多为灰～深灰色泥岩,约占 44%,厚度为 0.47～41.31 m,平均为3.34 m;其次为砂质泥岩,约占 41%,厚度为 0.57～29.35 m,平均为 4.88 m;砂岩约占13%。底板多为灰～深灰色泥岩,厚度为 0.45～19.58 m,平均为 2.46 m;其次为砂质泥岩,厚度为 0.56～22.02 m,平均为 5.50 m,致密性脆,节理发育,具有水平层理,其下部为9 煤层顶板砂岩。

根据 7 煤层顶板的岩性特征,从采掘过程中顶板管理的实际出发,参照其他因素综合分析,7 煤层顶板类型应为Ⅱ类(中等垮落的顶板)。

② 9 煤层顶底板岩性

9 煤层直接顶板大多为灰～灰白色细-中粗粒砂岩,约占 65%,厚度为 0.95～46.94 m,平均为 17.12 m;其次为深灰色砂质泥岩,约占 17%,厚度为 0.90～22.02 m,平均为6.86 m;其余为深灰色泥岩。9 煤层底板大多为黑色泥岩,厚度为 0.43～19.88 m,平均为3.89 m;其次为深灰色泥岩,厚度为 0.37～21.39 m,平均为 7.80 m。

根据 9 煤层顶板的岩性特征,从采掘过程中顶板管理的实际出发,参照其他因素综合分析,9 煤层顶板类型应为Ⅲ类(难垮落的坚硬顶板)。

1.2　主要生产系统

1.2.1　原煤运输系统

井下有三条主要运输系统：－500 m 东一运输系统、－1 000 m 东翼延伸运输系统、新机道运输系统，总计 21 部带式输送机，布置有 5 个储煤小井。

1.2.2　提升系统

矿井有一个主井提升系统、两个副井提升系统，分述如下：

（1）主井提升系统

主井为立井提升方式，井筒直径为 5.5 m，井口标高为 ＋38.5 m，落底标高为 －572 m，提升高度为 596 m，最大提升速度为 12 m/s，过卷高度为 10 m，过放距离为 12 m。

主井提升机为多绳摩擦式提升机，型号为 JKM-3.25×4（Ⅱ），滚筒直径为 3.25 m。双电机，电机型号为 YR1400-8，单机额定功率为 1 400 kW，容器为 13 t 底卸式箕斗。装载方式为定重装载，型号为 KJD10。

（2）老副井提升系统

老副井为立井提升方式，井口标高为 ＋38.5 m，落底标高为 －523.5 m，井筒直径为 6.5 m，提升高度为 538.5 m，最大提升速度为 9.6 m/s，过卷高度为 10 m，过放距离为 12 m。

提升机为多绳摩擦式提升机，型号为 JKM-3.25×4（Ⅱ），滚筒直径为 3.25 m，摩擦系数为 0.25。电机型号为 YR118/44-10，额定功率为 2×630 kW。制动系统液压站型号为 TE161，制动半径为 1.75 m，容器为 1 t 双层四车加宽罐笼，罐道为组合式钢罐道，提升机最大静张力为 450 kN，最大静张力差为 140 kN。提升机安装了型号为 HFT 的托罐装置，另有防撞梁及过卷缓冲木楔装置。

（3）新副井提升系统

新副井为立井提升方式，井口标高为 ＋38.5 m，落底标高为 －770.43 m，井筒直径为 6.5 m，提升高度为 790 m，提升速度为 9.52 m/s。

提升机为多绳摩擦式提升机，型号为 JKMD-3.5×4（Ⅲ），滚筒直径为 3.5 m。提升机控制设备型号为 TKD（M）-D2-Z1250PC2，电机额定功率为 1 250 kW。制动系统液压站型号为 E141A，容器型号为 GDG1/6/2/4K，组合式钢罐道，提升机最大静张力为 470 kN，最大静张力差为 140 kN。系统采用直流整流变频调速单机拖动，西门子 PLC 控制系统。

1.2.3　供电系统

矿井双回路供电。一路进线朱张 691# 线来自 110 kV 朱寨变电所，导线为 LGJ-185/25 型钢芯铝绞线，JLB40-120 型避雷线，铁塔架空敷设，线路全长 5.8 km；二路进线汪张 692# 线来自 220 kV 汪塘变电所，导线为 LGJ-185/25 型钢芯铝绞线，JLB40-120 型避雷线，铁塔架空敷设，线路全长 5.2 km。两回路供电线路均未分接任何其他负荷，未装设负荷定量器。另自孔庄 110 kV 变电所引一回路 35 kV 供电电源作为矿井保安电源，供电线路采用 LGJ-120 型钢芯铝绞线，GJ-35 型避雷线，水泥混凝土杆架空敷设，供电距离为 6.45 km。在矿工业广场设有 110 kV 变电所，安装两台有载调压主变压器，型号为 SSZ11-25000 kVA/110 kV，一台运行，另一台备用，实现对 110 kV/35 kV 和 110 kV/6 kV 降压，为变电所内 35 kV 和

6 kV高压配电设备供电。

1.2.4 主排水系统

矿井排水由-500 m中央泵房和-750 m泵房直接排至地面。

(1)-500 m中央泵房

-500 m中央泵房安装7台PJ150×10水泵,额定扬程为648.1 m,额定排水量为300 m³/h;电机型号为YAKK5002-4,功率为900 kW。其中,3台工作,3台备用,1台检修。工作水泵总排水能力为900 m³/h(300 m³/h×3),工作泵、备用泵总排水能力为1 800 m³/h。沿副井井筒安装直径为273 mm的4趟排水管路,直接排至地面,排水高度为540 m。水仓共有4个仓,总容积为7 168 m³。

(2)-750 m泵房

-750 m泵房安装5台MDS420-96×9水泵,额定扬程为838.8 m,额定排水量为420 m³/h;电机型号为YAKK5603-4,额定功率为1 600 kW。水泵采用的是"2台工作、2台备用、1台检修"的工作方式,工作水泵总排水能力为840 m³/h(420 m³/h×2),工作水泵、备用水泵总排水能力为1 680 m³/h,排水高度为790 m。排水管路:从-750 m泵房至新副井下口共有3趟排水管路,排水管直径为325 mm,从副井下口至地面共有4趟直径为325 mm的排水管路。内外2个水仓容积为5 450 m³。

目前矿井涌水量约为580 m³/h,矿井排水系统能满足需要。

1.2.5 压风系统

矿井压风机房安装4台MM200-2S固定式螺杆空气压缩机,额定排气量为38.8 m³/min,额定排气压力为0.85 MPa,异步电动机拖动,电机功率为200 kW,转速为1 482 r/min,电压6 000 V,额定电流为24 A,采用高、低压双回路供电,安装远程控制系统。两趟直径为273 mm、219 mm的供风管路分别向-500 m水平和-750 m水平供风,供风距离为10 000 m左右。

1.2.6 通风系统

矿井通风方式为对角式,采用机械抽出式通风。其中有3个进风井(主井、副井、新副井)和2个回风井(东风井和西风井)。矿井目前有2个采煤工作面、8个独立供风掘进工作面、15个其他用风地点、10个机电硐室独立供风。矿井需风量为12 998 m³/min,实际进风量为13 628 m³/min,总回风量为14 020 m³/min。东风井主通风机型号为BDK618-8-No.28,风机扇叶角度为-3°,风压为2 190 Pa,回风量为7 758 m³/min;西风井主通风机型号为AGF606-2.6-1.58-2,风机扇叶角度为-13°,风压为2 340 Pa,回风量为6 262 m³/min,矿井总等积孔为6.1 m²。

1.2.7 通信系统

通信系统由行政交换机和调度交换机组成。其中,井下通信系统交换机型号为SP30CN-PM程控调度交换机,容量为528门,现已使用296部电话,其中井下在用235部电话,地面生产场所在用61部电话。矿井目前通信入井信号为400门,均设置有安全栅,为本安型信号。

主井绞车房、副井绞车房、井底车场、采区变电所、上下山绞车房等主要机电设备硐室和采掘工作面都安装有电话。其中,在井下主要水泵房、井下中央变电所、矿井地面变电所、救护队、保健站等安装了与矿调度室的直通电话,保证井下重要场所可以直接与调度室联系。

矿井入井通信路由有2个:一个路由是老副井入井的2根100对铠装通信电缆,电缆型号为 MHYAV 32100×0.8×2,长度为650 m,供井下-500 m 水平各场所使用;另一路由是新副井入井的4根50对铠装通信电缆,型号为 MHYAV 3250×0.8×2,长度为950 m,分别供东西两翼-750 m 水平及以下场所使用。-500 m 水平和-750 m 水平各场所经过排水下山的50对通信电缆进行联络,提高了井下通信系统的可靠性。

1.2.8 "6+1"安全避险系统

为提高矿山安全生产保障能力,国家强制要求全国煤矿及非煤矿山都必须建立和完善安全避险系统,该系统主要包含监测监控、人员定位、通信联络、压风自救、供水施救、紧急避险等六大系统。"六大系统"对保障矿山安全生产发挥重大作用,将为地下矿山安全生产提供良好的条件。张双楼煤矿为了进一步保障矿井的安全生产,增加了应急通信广播系统,形成了"6+1"的安全避险系统。

(1)监测监控系统

矿井瓦斯传感器实现了动态监控,对甲烷、一氧化碳、温度、粉尘、风速等传感器实现了动态监控,馈电、设备开停、风压、风速、一氧化碳、温度、风门等传感器的安装数量、地点和位置等,均符合《煤矿安全监控系统及检测仪器使用管理规范》的要求。地面中心站装备2套主机,1用1备,主机、备机之间能自动进行热切换,系统24 h 做到不间断运行。井下所有工作场所及地面风机房、煤仓及输送带走廊等地点均按规定安装了监控系统,并进行实时监控。监测监控系统地面中心站执行24 h 值班制度,中心站设在调度室内。

(2)人员定位系统

矿井使用的人员定位系统型号为 KJ236(A),于2009年10月投入使用。人员定位系统采用2台服务器,设在矿生产调度指挥中心,供监控平台实时监视。2台服务器采用双机热备,数据实行在线备份,实时切换,保证了系统的稳定运行。同时干线传输采用光纤环网,从老副井、新副井分别入井,经-500 m 和-750 m 两个水平场所,组成通信环网,线路单点故障不影响数据的传输,可靠性好。在各采区车场、采区轨道、猴车道的入口处,各掘进工作面、采煤工作面的上下巷的入口处,均可以监控井下各作业区域人员的动态分布及变化情况。

(3)通信联络系统

矿井通信系统安装有型号为 SP30CN-PM 程控调度交换机,井上、井下生产地面办公场所均安设电话,泵房、变电所等要害场所均安装有直通电话,可以互相联系,保证井上、井下通信畅通。

(4)压风自救系统

矿井采掘工作面等用风地点安设压风自救装置,供应急状态下使用。地面压风机房安装螺杆式空气压缩机,型号为 MM200-2S,运行良好。

(5)供水施救系统

地面设有供水水源,通过管网把水送至采掘地点的供水施救安装点,供紧急情况下供水施救使用。井下各采区水压水量符合设计要求,整个管网系统中设置了多个补水应急阀门,实现了地面与井下供水资源互补,满足矿井安全生产需要。

(6)紧急避险系统

矿井在各作业场所避灾路线上设立自救器补给站、避难硐室。采掘工作面按规定配备压风自救装置、供水施救装置,在巷道内及巷道交岔口设立避灾路线标识。

(7) 应急通信广播系统

井下采煤工作面、掘进工作面、主要人行车场等地点安装应急通信广播系统,可实现生产调度指挥中心对井下各区域的实时广播。系统配备后备电源,断电后系统工作时间不低于 2 h。该系统采取主、副音箱配合安装形式,每个音箱都具有 IP 地址,可实现点对点的控制和传输。

1.3 矿井冲击地压历史及特点

1.3.1 矿井冲击地压历史

(1) "7·30" 冲击地压事故

2010 年 7 月 30 日,在 -1 200 m 东一采区 7 煤层运输上山定位到一能量震级为 2.7 级微震信号。现场人员听到大煤炮,破坏通风设施 7 处,损坏刮板输送机、带式输送机各 1 部,造成通信、监测监控系统破坏,损毁巷道 178 m,造成 6 人死亡。为保证安全生产,经过现场调查及事件原因分析,彻底封闭 -1 200 m 东一采区 7 煤层运输上山,巷道停止掘进。

(2) "12·10" 冲击显现事件

2012 年 12 月 10 日,在 -1 000 m 西一专用回风道修复期间发生了底板动力现象,主要影响范围为西一专用回风道自 7424 工作面材料道口向下 20~70 m。现场底鼓 1~2 m,帮部无明显位移,帮部及顶板无明显破坏,轨道及盖板被弹起并抛到巷道另一侧,刮板输送机立起,钻到轨道下方,底板出现小裂隙,无明显碎煤块,事故发生后现场煤炮比较频繁,周边区域无明显异常。

微震监测系统监测到能量为 $3.6×10^5$ J 的强矿震,发生地点为 9419 工作面采空区的顶板,深度为 800 m,发生时间与底板动力事故发生的时间一致。

事件原因分析:该区域所处地质条件复杂,通过现场调研及分析,导致该底板动力事件发生的主要因素如下:

① 该区域处于煤层厚度变化区,专用回风道沿 7 煤层顶板掘进布置,底煤厚度自 7424 工作面刮板输送机道开始由 2 m 逐渐增加到 10 m,底煤中有厚度不等的夹矸,底煤的存在是底板动力事件发生的基本条件。

② 采掘活动影响。在该区域共有 6 个采掘工作面,分别为 9420 工作面的回采、7426 工作面的材料道车场掘进工作面、9421 工作面的材料道修复和刮板输送机道的掘进工作面、西一专用回风道的修复及 -1 000 m 西二 9 煤层回风巷掘进工作面。它们存在采掘扰动相互叠加的情况,导致发生了较大能量的矿震。

(3) "3·23" 冲击显现事件

2014 年 3 月 23 日,在 -750 m 西一采区猴车道定位到一能量为 $1.21×10^5$ J 震动事件。现场附近人员听到大煤炮,-750 m 西一猴车道 80#~92# 钢梁 60 m 范围内平均底鼓为 350 mm,个别横梁搭接处出现错开现象,80#~89# 钢梁处猴车落绳。原因分析:一方面,该区域采掘活动相对集中,巷道修护及工作面回采导致局部应力集中;另一方面,9421 工作面回采扰动,导致 9419 工作面采空区基本顶活动,诱发了较大能量的矿震。

1.3.2　张双楼煤矿冲击地压特点

通过分析以上冲击地压显现事件,以及对张双楼煤矿冲击地压的分析研究,可以得到张双楼煤矿冲击地压发生的主要机理为:

(1)大采深,煤岩具有冲击倾向性

张双楼煤矿采掘工作面采深在1 000 m左右,为典型的千米深井,发生冲击地压的区域以及高冲击危险性区域均为大采深区域。可见,采深对冲击地压起到控制作用,存在临界采深,当采深超过临界采深后,冲击地压开始大范围显现。

(2)采掘不合理,造成局部应力集中程度高,采掘扰动显著

张双楼煤矿在没有发生冲击地压之前,对灾害认识不足,在采掘工作面参数设计、冲击地压控制等方面均采用浅部开采经验与理论,导致了开采设计不合理、采掘扰动强烈,形成局部高应力区与扰动区,尤其是停采线不合理,大巷保护煤柱、区段煤柱等留设不合理。

(3)地质构造变化引起局部应力异常

张双楼煤矿主采7、9煤层,9煤层受上方坚硬砂岩顶板的影响,7煤层上方顶板为泥岩,砂岩顶板厚度不大,但是局部存在顶板砂岩段,此段泥岩缺失,砂岩厚度大、强度高,在采掘工作面进入该区域后,冲击危险性显著升高,这说明受地质构造尤其是顶板岩性变化带影响较大。同时,也受到断层构造、煤层厚度变化等影响。

2 张双楼煤矿冲击地压影响因素

2.1 冲击地压影响因素分析

冲击地压发生的原因是多方面的,总的来说可以分为三类,即自然地质因素、开采技术条件和组织管理措施。

自然地质因素中最基本的因素是原岩应力。其主要由岩体的重力和构造残余应力组成。井巷周围岩体的应力由采深决定,而构造残余应力则很难预计,断层附近会出现相当大的水平应力,褶曲附近也会出现相当大的水平应力。实践表明,在一定的采深条件下,比较强烈的冲击地压一般会出现在煤系地层中强度高的岩层,特别是在煤层顶板中有坚硬厚层砂岩的情况。

冲击地压危险的倾向是由煤岩的特性决定的。总的来说,煤层的强度大、弹性好,冲击地压的倾向性就高。但并不是说,强度小和弹性差的煤层不会发生冲击地压,只是强度小和弹性差的煤层发生冲击地压的应力值比强度大和弹性好的煤层大得多,且取决于应力加载方式和加载速度。

从发生冲击地压的技术因素来分析,开采引起了局部应力集中。其主要原因是开采系统不完善,或具有坚硬的顶板和较大的悬顶,造成较大的应力集中;或由于开采历史造成的,如煤柱停采线造成的应力集中传递到邻近煤层。

从生产实践来看,生产的集中化程度越高,越易发生冲击地压。开采设计或防控措施无法实施,是增加冲击地压危险性的因素之一。在多煤层开采情况下,多种灾害事故易一起出现,如冲击地压、火灾、瓦斯突出等。

技术和管理相互交叉的因素为投资没有到位。如采矿作业没有到位,支架和技术装备没有到位,没有选择有效的冲击地压预报仪器和防控装备。

2.2 地质条件对冲击地压的影响

2.2.1 开采深度

随着开采深度的增加,煤层中的自重应力随之增加,煤岩体中积聚的弹性能也随之增加。为了便于分析开采深度对冲击地压的影响,只考虑围岩系统中煤层内所积聚的弹性能,冲击地压的初始开采深度 H 为:

$$H \geqslant 1.73 \frac{R_c}{\gamma} \sqrt{\frac{K_0}{c}} \tag{2-1}$$

式中　H——矿井发生冲击地压的临界开采深度，m；

　　　R_c——单轴抗压强度，Pa；

　　　K_0——煤岩双向受力状态与单向受力状态下破坏单位体积煤块所需能量之比；

　　　γ——地层重度，kN/m³；

　　　μ——泊松比；

　　　c——常数，$c = \dfrac{(1-2\mu)(1+\mu)^2}{(1-\mu)^2}$。

开采深度与发生冲击地压的关系如图 2-1 所示。考虑到安全界限，可以确定，开采深度 $H \leqslant 400$ m 时，冲击地压发生概率很小。开采深度 $H > 400$ m 时，随着开采深度的增加，冲击地压的危险性逐渐增加。

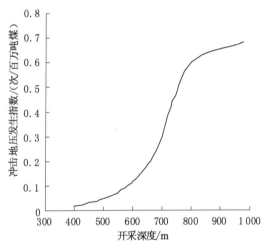

图 2-1　开采深度与发生冲击地压的关系

2.2.2　煤的冲击倾向性特征

煤的冲击倾向性是指煤体具有的积聚变形能并产生冲击破坏的性质，它分为无、弱、强三个类型。煤的冲击倾向性是评价煤层冲击性的特征参数之一，可通过综合分析以下四个测试指数得到煤的冲击倾向性。

（1）冲击能指数 K_E

冲击能指数 K_E 是指在单轴压缩状态下，煤样的全"应力-应变"曲线峰值 C 前所积聚的变形能 F_s 与峰值后所消耗的变形能 F_x 之比值（图 2-2）。它包含试件"应力-应变"全部变化过程的曲线，直观和全面地反映了蓄能、耗能的全过程，显示了冲击倾向的物理本质。

（2）弹性能指数 W_{ET}

弹性能指数 W_{ET} 是指煤样在单轴压缩条件下破坏前所积蓄的变形能与产生塑性变形消耗的能量的比值（图 2-3），即

$$W_{ET} = \frac{\varphi_{sp}}{\varphi_{st}} \tag{2-2}$$

式中　φ_{sp}——弹性应变能，其值为卸载曲线下的面积；

　　　φ_{st}——塑性应变能，其值为加载和卸载曲线所包围的面积。

显然,积蓄的能量愈多而消耗的能量越少,则发生冲击地压的可能性越大,弹性能指数反映了煤岩的冲击倾向。

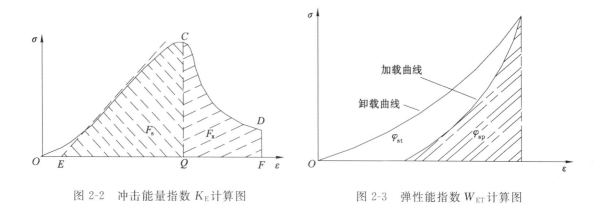

图 2-2　冲击能量指数 K_E 计算图　　　　图 2-3　弹性能指数 W_{ET} 计算图

（3）动态破坏时间 D_T

动态破坏时间 D_T 是指煤样在常规单轴压缩试验条件下,从极限载荷到完全破坏所经历的时间(图 2-4)。其综合反映了能量变化的全过程,对冲击倾向反应敏感,是一种实用性较强的指标。

（4）单轴抗压强度

对煤样的研究表明,煤样的冲击倾向性在其单轴抗压强度为 $R_c = 16 \sim 20$ MPa 时变化较大,如图 2-5 所示(图中的参数 C_1 表示冲击发生所需的最小三向围岩应力)。当煤的单轴抗压强度 $R_c < 16$ MPa 时,煤样要发生冲击,就需要较大的压应力。

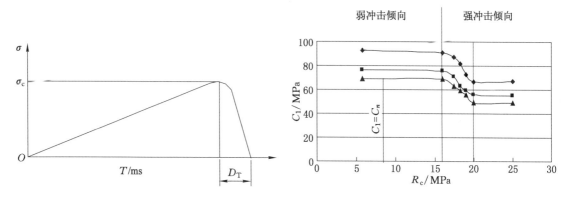

图 2-4　动态破坏时间曲线　　　　图 2-5　煤的单轴抗压强度与参数 C_1 之间的关系

根据《冲击地压测定、监测与防治方法 第 2 部分:煤的冲击倾向性分类及指数的测定方法》(GB/T 25217.2—2010)的规定,煤的冲击倾向性分类及指数测定方法见表 2-1。

2.2.3　顶板岩层的结构特点

研究表明,顶板岩层结构,特别是煤层上方坚硬厚层砂岩顶板是影响冲击地压发生的主要因素之一,其主要原因是坚硬的厚层砂岩顶板容易积聚大量的弹性能。在坚硬顶板破断过程中或滑移过程中,大量的弹性能突然释放,形成强烈震动,导致发生顶板煤层型(冲击压力型)冲击地压或顶板型(冲击型)冲击地压。

一般情况下,坚硬厚层顶板的悬露下沉首先表现为煤层的缓慢加压或压缩,经过一段时间后可以集中在一天或几天突然下沉,载荷极快上升,达到很大的值。在悬露面积很大时,不仅本身弯曲积蓄变形能,而且在附近地层中(特别是基本顶折断处)形成支承压力。当基本顶折断时还会造成附加载荷并传递到煤层上,通过煤层破坏释放变形能(包括位能),产生强烈的岩层震动引起冲击地压,而且底板也参与冲击地压的显现。

表 2-1 煤的冲击倾向性分类及指数测定方法

项目		指 数 测 定			
标准试样尺寸		圆柱体:$\phi 50\ mm \times 100\ mm$ 或方柱体:$50\ mm \times 50\ mm \times 100\ mm$			
测试所需标准试样数量		$\geqslant 5$	$\geqslant 5$	$\geqslant 5$	$\geqslant 3$
试验机加载方式		载荷控制	位移控制	载荷控制	
试验机加载速率		$0.5 \sim 1.0\ MPa/s$	$0.5 \times 10^{-5} \sim 1.0 \times 10^{-5}\ m/s$	$0.5 \sim 1.0\ MPa/s$	
冲击倾向性类别	无	$D_T > 500\ ms$	$K_E < 1.5$	$W_{ET} < 2$	$R_c < 7$
	弱	$50\ ms < D_T \leqslant 500\ ms$	$1.5 \leqslant K_E < 5$	$2 \leqslant W_{ET} < 5$	$7 \leqslant R_c < 14$
	强	$D_T \leqslant 50\ ms$	$K_E \geqslant 5$	$W_{ET} \geqslant 5$	$R_c \geqslant 14$
采用模糊综合评判时,四个指数的权重		0.3 (动态破坏时间)	0.2 (冲击能指数)	0.2 (弹性能指数)	0.3 (单轴抗压强度)

震级较大的冲击地压发生时,煤体破碎所消耗的能量仅占总释放能量的百分之几,相差两个数量级。这说明震级较大的冲击地压释放出来的能量主要来自围岩,特别是顶板冲击前积蓄的变形能。而震级较小的冲击地压发生时,由煤体破碎所释放的能量占的比例较高,而围岩释放能量较少。众所周知,围岩应力(弹性能)是由自重应力、构造应力以及由采动引起的附加应力组成的。但自重应力在顶底板和煤层中变化不大,因而围岩能够释放的弹性能只能是由附加应力和构造应力特别是悬顶造成的应力集中所致。国内外冲击地压实例都表明,绝大部分冲击地压发生在厚层坚硬顶板条件下,而且相当一部分冲击地压又发生在工作面来压期间,这足以证明顶底板参与冲击地压显现并释放变形能。

(1)厚层难冒顶板的影响

煤层上方坚硬、厚层砂岩顶板是影响冲击地压发生的主要因素之一。研究表明,随着基本顶悬露,基本顶岩梁将自身及其上部岩层重量都加到采煤工作面周围的煤体上,随着工作面的继续回采导致该厚层基本顶的破断与初次垮落以及随后的周期回转失稳对工作面的矿压显现造成强烈的影响,这种影响对工作面冲击地压危害起到诱发作用,若发生整层断裂将对工作面产生强烈扰动,诱发冲击地压灾害,如图 2-6 所示。

图 2-7 为实验室测定的不同厚度坚硬顶板条件下煤岩组合试样冲击能指数的变化规律。由图可知,当坚硬顶板厚度与煤层厚度比值大于 0.75 时,冲击能指数随着坚硬顶板厚度与煤层厚度比值的增加而升高。

(2)顶板岩层结构特征

根据研究,影响冲击地压发生的岩层为煤层上方 100 m 范围内的岩层,其中岩体强度大、厚度大的砂岩层起主要作用。以砂岩为标准的顶板岩层厚度特征参数为:

$$L_{st} = \sum h_i r_i \tag{2-3}$$

式中　　h_i——顶板在 100 m 范围内第 i 种岩层的总厚度;

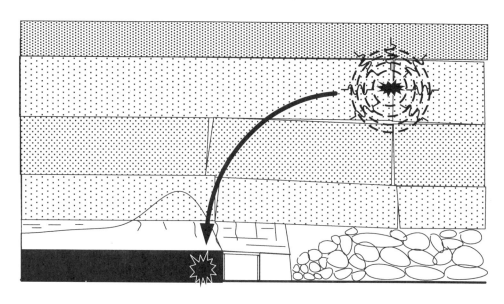

图 2-6　顶板活动诱发冲击

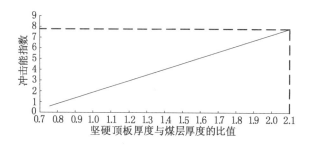

图 2-7　坚硬顶板厚度与煤层厚度比值和冲击能指数关系

r_i——所给岩层的弱面递减系数。

若定义砂岩的强度系数和弱面系数为 1.0,则煤系地层各岩层的强度比和弱面递减系数比如表 2-2 所列。

表 2-2　煤系地层岩层的强度比和弱面递减系数比

岩层	砂岩	泥岩	黏土岩	煤	采空区冒矸
强度比	1.0	0.82	0.50	0.34	0.20
弱面递减系数比	1.0	0.62	0.25	0.31	0.04

从统计分析结果来看,冲击地压经常发生在具有坚硬顶板岩层的条件下,且其顶板岩层厚度参数值 $L_{st} \geqslant 50$ m。

2.2.4　地质构造因素

地层的动力运动形成各种各样的地质构造,冲击地压的形成或多或少与构造变化带有关。常见的对冲击地压形成有较大影响的地质构造带有断层带、煤层倾角变化带、煤层褶曲、火成岩侵入带、顶板岩性变化带。

（1）断层影响分析

受采动影响,在断层两盘附近、褶曲构造区域,地应力大小和方向都有较大变化,区域内巷道围岩应力集中,围岩变形量大,是发生动力显现的区段。

在围岩稳定性分析中,根据地质力学、岩石力学等地质与力学理论,对具体工程所在地区地应力场进行充分研究。例如,对于断层两盘的受力,根据断层的实际情况,可建立三种断层的受力模型,见图 2-8。图 2-8 中,σ_1、σ_2、σ_3 分别为对应的三向应力。图 2-9 中,断层附近区域是应力集中区域,受采掘活动的影响,一定条件下,图中标示的 $20 \sim 30$ m 区域是极易发生冲击地压的区域。

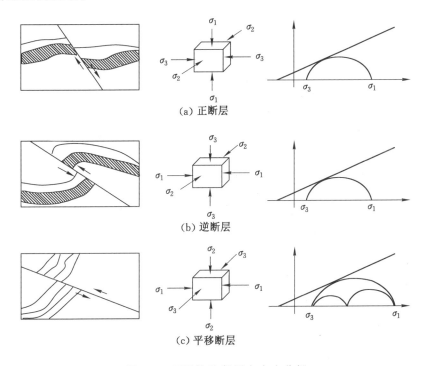

图 2-8　不同构造断层主应力分析

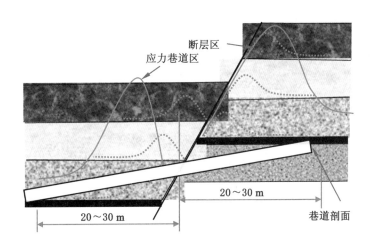

图 2-9　正断层切割弱冲击区域冲击地压危险区应力分布

(2)褶曲影响分析

冲击地压矿井的地应力实测结果也证实了构造应力的存在和对冲击地压有影响。构造应力(主应力是水平矢量)对巷道稳定性也有影响,表现在巷道的破坏形式是沿轮廓线层层剥落,然后沿弱面断裂破坏。巷道的变形特点是,由于巷道方向和应力作用方向的夹角不同,巷道围岩内应力集中程度差异很大,正交时达到高度集中,破坏区的深度也随构造应力作用条件有所不同。坚硬岩层中的巷道在深度不大(100~150 m)就发生脆性破坏,且破坏往往发生在顶板或顶角处。破坏形式是裂隙逐渐扩展,沿裂隙剥离或坍落。在支承压力区出现缓慢的脆性破坏(围岩脱皮剥落)或瞬时的脆性破坏(出现声响、抛射或岩爆)。

褶曲构造是岩层在水平应力的挤压作用下发生弯曲变形形成的,褶曲不同部位的应力分布是不同的,如图 2-10 所示。

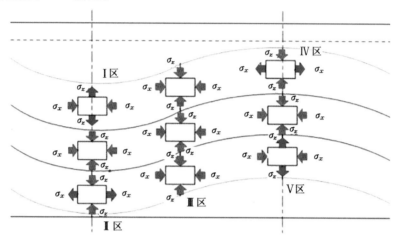

图 2-10 褶曲不同区域的受力状态

图 2-10 中,σ_x、σ_z 分别指水平方向和竖直方向上的应力。根据褶曲的形成机制,可将褶曲各部位的受力状态分为 5 个区:Ⅰ区(向斜内弧)垂直方向受拉,水平方向受压,采掘工程布置在该区域时容易发生片帮;Ⅱ区(向斜外弧)垂直方向受压,水平方向受拉,采掘工程布置在该区域时易发生冒顶和冲击地压;Ⅲ区(褶曲翼部)水平、垂直方向均受压,采掘工程布置在该区域时易发生冲击地压;Ⅳ区(背斜外弧)的受力状态同Ⅱ区;Ⅴ区(背斜内弧)的受力状态同Ⅰ区。褶曲翼部受到强剪作用,采掘工程布置在该区域时还易发生剪切失稳。另外,由于褶曲是受水平挤压形成的,褶曲区域岩体内部存有残余应力和弹性能;弹性能释放也是褶曲诱发冲击地压的重要原因。同时,模拟结果表明,坚硬岩层中水平应力远大于煤层中水平应力;煤层顶底板交界面的应力变化大;向斜坚硬岩层中的水平应力由底向顶升高;背斜坚硬岩层中的水平应力由底向顶降低。由此可见,在顶底板与煤层交界处形成了很大的应力差,在此区域进行采掘作业时,煤层与顶底板交界处容易剪切滑移,产生强矿震而诱发冲击地压。

(3)煤层厚度变化影响分析

根据统计分析,冲击危险程度与煤层厚度及其变化紧密相关。煤层越厚,冲击地压发生次数越多,越强烈;煤层厚度的变化对冲击地压的发生是有很大影响的,在厚度突然变薄或者变厚处,往往易发生冲击地压,因为这些地方的支承压力突然升高,如图 2-11 所示。同时张双楼煤矿在 74102 工作面、74104 工作面掘进与回采过程中也存在煤层合并区域冲击危险程度显著升高的情况。

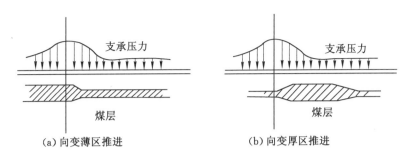

图 2-11　煤层厚度变化对工作面支承压力的影响

2.3　开采技术对冲击地压的影响

2.3.1　开采设计和采煤方法

各种采煤方法的巷道布置和顶板管理方法不同,所产生的矿山压力和分布规律也不同。一般短壁体系(房柱式、刀柱式、短壁水采等)采煤方法由于采掘巷道多,巷道交岔多,遗留煤柱也多,形成多处支承压力叠加,易发生冲击地压。《防治煤矿冲击地压细则》规定,冲击地压矿井应当选择合理的开拓方式、采掘部署、开采顺序、煤柱留设、采煤方法、采煤工艺及开采保护层等区域防冲措施。冲击地压煤层应当采用长壁综合机械化采煤方法。

冲击地压煤层的开拓和开采方法的选择首要考虑的是能够整齐、干净地进行回采,不留或少留煤柱,尽可能保证工作面成直线,不使煤层有向采空区突出的地段,在煤层中掘巷量最少,限制采场和巷道附近的应力集中。用房柱式开采法开采时,因顶板长时间不能垮落,矿山压力随工作面继续推进而增加,顶板下沉和底板鼓起也随之增大,这就可能造成潜在危险。煤层或矿柱上的不均匀载荷及其应力松弛可能使一些矿柱上应力水平提高很大,成为导致发生冲击地压的附加因素。这里必须考虑到自由面在应力波的多次反射中的影响,以及由此造成应力强度的放大作用,特别是菱形矿柱,自由面数目越多,问题也越严重。综上所述,长壁工作面开采法是冲击地压煤层最有利的开采方法。

正确地设计并选择合理的开采顺序也是至关重要的。有利于安全开拓、准备和回采工作的所有环节的设计,都应当考虑能最大限度地限制在采场和巷道附近形成危险的应力集中带。设计工作对控制冲击地压危险方面起到基本的作用,设计的好坏其结果将影响整个开采过程。对存在多煤层同时开采的情况,各个煤层的开采互相影响,特别对有冲击危险性煤层的开采设计时,应当合理配置未来的开采,以便把因相邻煤层的开采所增加的冲击危险限制到最小,因为开采顺序对形成矿山压力的大小和分布有很大影响。巷道或采煤工作面的相向推进,在工作面向采空区或断层带推进,邻层工作面之间错距不够,与采空区邻接的工作面上隅角部分,受邻层开采边界影响的区域等不合理的布置和顺序都容易引发冲击地压,因在这类情况下,都会使应力叠加。

冲击地压经常出现在采煤工作面向采空区推进时、在距采空区 15~40 m 的应力集中区内掘进巷道时、两个采煤工作面相向推进时及两个近距离煤层中的两个采煤工作面同时开采时。如在胜利矿相向掘进回风巷,当两巷相距 10 m 时,发生了冲击地压,破坏巷道60 m。这样的事例在冲击地压矿井不胜枚举。发生冲击地压大多是因为存在开拓布置或开采顺序不合理的因素。

在顶板发生变化过程中,特别是初次来压期间,产生载荷迅速增加的条件,就可能引起冲击地压。因为过载区处在各向压缩状态下,一旦失去各向压缩条件就可能发生突然破坏——冲击地压。特别是悬垂顶板的弹性振荡和弯曲作用,使煤层边缘或煤柱产生特别危险的应力状态。所以,坚硬顶板的管理方法也是影响冲击地压的重要因素。实际上采取各种垮落方法,例如爆破、注水软化等使顶板垮落,以起到减缓冲击地压的作用。

2.3.2 煤柱的影响

煤柱是产生应力集中的地点,孤岛形和半岛形煤柱可能受几个方向集中应力的叠加作用,因而在煤柱附近最易发生冲击地压。煤柱上的集中应力不仅对本煤层开采有影响,还向下传递,对下部煤层形成冲击条件。

上覆煤层工作面的停采线和煤柱形成的应力集中对下部煤层造成了很大的威胁,使冲击地压的危险性大幅度增加。开采煤柱容易引起冲击地压,特别是在回收煤柱的工作面接近采空区时。据以往的经验,煤柱剩余宽度约为煤柱高度的10倍时最危险,煤柱有冲击危险性的临界宽度为2.5~20倍煤柱高度。由回收煤柱引起的冲击地压事故数目是惊人的。据统计,门头沟矿由于回收煤柱引起的冲击地压次数约占总数的68%,陶庄矿占33.3%,抚顺龙凤矿发生的冲击地压也有相当一部分是在回收煤柱时发生的。由于开采布局不合理,形成的孤岛形或半岛形采区和煤柱,在回采过程中不但发生冲击地压次数多而且强度大。

由于煤层和围岩的结构不同,煤柱宽度和埋藏深度不同,煤柱自身中的应力要比原始应力大好几倍。最大应力多出现在靠近煤柱边缘部位,距边缘10~30 m不等。煤柱不仅对本层开采有影响,而且对邻层开采也有很大影响。根据地音监测和钻屑法观测资料分析,这种影响可能深达150 m或更深。影响因素是多方面的,诸如煤柱尺寸大小、煤柱与邻层之间岩层性质和倾角、煤柱边缘影响角、回采区段与煤柱的相对位置等。参考窦林名教授等统计的资料,大约有60%的冲击地压是由于邻近煤层采空区中遗留煤柱或本层遗留煤柱引起的(表2-3)。

表 2-3 冲击地压次数与煤柱状况的关系

冲击地压发生的原因	冲击次数	百分比/%
主要由自然条件引起的,如煤的性质、深度、顶底板岩性	243	9.57
邻近煤层中的煤柱、孤岛、边缘引起的	1 141	44.96
开采煤层本身的煤柱、残柱引起的	379	14.93
其他原因	706	27.82
原因未定	69	2.72

2.3.3 采空区的影响

当工作面接近已有的采空区,其距离为20~30 m时,冲击地压危险性随之增加。如果工作面旁边有上区段的采空区,该采空区也使冲击地压的危险性增加,危险程度最大位置在距煤柱10 m左右。当采煤工作面接近老巷约15 m时,冲击地压的危险性最大。

2.3.4 采掘扰动

开采冲击地压煤层时,在应力集中区内,若布置两个工作面同时进行采掘作业,容易使两个工作面的支承压力呈叠加状态,应力集中程度将显著提高,极易诱发冲击地压。如某矿21141工作面下巷掘进工作面掘进至657 m时,发生冲击地压灾害,导致590 m处前后共51 m冲击显现严重,最大底鼓量高达2 m。此时21141工作面下巷掘进工作面与正在回采的21201工作面最小直线距离约为330 m。经过分析,由于采掘工作面作业区域间距不够,导致21141工作面下巷掘进工作面与21201采煤工作面之间采掘支承压力相互叠加,这是此次冲击地压事故发生的主要原因之一。《防治煤矿冲击地压细则》规定:考虑到冲击地压危险区域回采和掘进工作面的支承压力影响范围可分别达到200 m、100 m以上,两采煤工作面之间、采煤工作面与掘进工作面之间、两掘进工作面之间应留有足够的作业间距,以避免应力集中形成相互叠加影响。采掘作业间距相关要求如图2-12～图2-14所示。

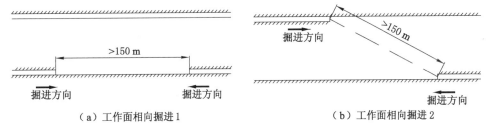

（a）工作面相向掘进1　　　　　（b）工作面相向掘进2

图2-12　冲击地压危险性煤层对掘进工作面距离要求

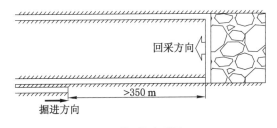

（a）工作面相向采掘1

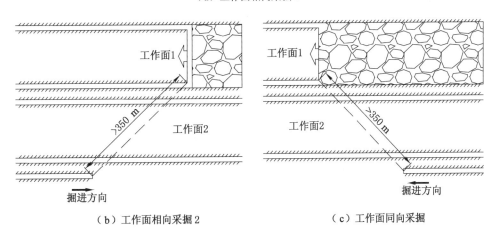

（b）工作面相向采掘2　　　　　（c）工作面同向采掘

图2-13　冲击地压危险性煤层对采掘工作面距离要求

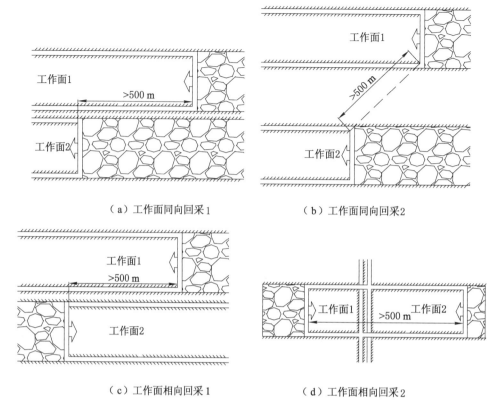

（a）工作面同向回采1　　　　　（b）工作面同向回采2

（c）工作面相向回采1　　　　　（d）工作面相向回采2

图 2-14　冲击地压危险性煤层对采煤工作面距离要求

2.4　张双楼煤矿冲击危险主控因素

2.4.1　地质影响因素

（1）开采深度：-500 m 水平西一采区与西五采区浅部的地应力较低；其他采区的开采深度均在 $-750\sim-1\,200$ m，其中 $-1\,000$ m 延深采区和 $-1\,000$ m 西三下山采区采深超千米，地应力随着开采深度的增加逐渐升高。

（2）冲击倾向性：矿井先后委托中国矿业大学、煤炭科学技术研究院有限公司检测分院对各采区 7、9 煤层以及顶底板岩层进行了冲击倾向性鉴定，分水平、采区、煤层冲击地压倾向性鉴定情况如下：

① -500 m 西一采区：9 煤层为弱冲击倾向性，顶板为强冲击倾向性，底板为弱冲击倾向性。

② $-750\sim-1\,000$ m 西三采区：9 煤层为弱冲击倾向性，顶板为强冲击倾向性，底板为无冲击倾向性。

③ $-1\,000$ m 延深采区：7 煤层为强冲击倾向性，顶板为无冲击倾向性，底板为弱冲击倾向性；9 煤层为强冲击倾向性，顶板为强冲击倾向性，底板为弱冲击倾向性。

④ $-1\,000$ m 西三下山采区：7 煤层为弱冲击倾向性，顶板为弱冲击倾向性，底板为弱冲击倾向性；9 煤层为弱冲击倾向性，顶板为强冲击倾向性，底板为弱冲击倾向性。

（3）煤层厚度变化：矿井主采山西组 7、9 煤层，煤层厚度分别为 2.49 m 和 3.33 m，其中在-1 000 m延深采区的西翼局部存在煤层厚度变化区域。

（4）断层构造：工作面内的断层构造在采动作用下，应力集中程度升高。

（5）顶板岩层的影响：7煤层顶板以及未卸压的9煤层顶板厚度特征参数均大于50，对冲击地压发生有促进作用。

2.4.2　开采条件影响因素

（1）区段煤柱宽度：宽度为5 m，沿采空区掘进或回采

当煤柱宽度介于10 m到50 m时，煤柱处于最危险的区段煤柱行列，易形成较大的应力集中，张双楼煤矿煤柱宽度为5 m，不易积聚弹性能，因此煤柱对冲击影响相对较低。

（2）工作面长度：在150～300 m之间

一般来说，工作面长度位于100 m以内时，冲击危险性最高；工作面长度介于100～150 m时，冲击危险性次之；工作面长度介于150～300 m时，冲击危险性再次之；工作面长度大于300 m时，冲击危险性最小。

（3）留底煤厚度：底煤厚度在0～2 m；-1 000 m延深采区西翼局部煤层厚度变化，留底煤厚度大于3 m

如果巷道底板遗留具有冲击倾向性的煤体（厚度一般大于1 m）或者岩柱厚度小于3 m时，易积聚较大水平应力，同时底板一般处于非支护状态，抗冲击能力较弱，当满足破坏条件时（回采动压等影响），底板煤岩体将发生冲击破坏（底板突起）。

（4）停采线及煤柱：7煤层停采线及煤柱对9煤层工作面开采影响

9煤层工作面全部布置在7煤层采空区下方时的冲击危险性最小。但是由于种种原因，9煤层停采线部分超过7煤层停采线，即位于7煤层实体煤下方，此时冲击危险性相对较高。

3　张双楼煤矿巷道掘进冲击机理

3.1　实体煤巷道掘进冲击模型

根据中国矿业大学窦林名教授等的研究,冲击地压的形成是煤体和围岩释放的能量大于克服煤体和围岩边界阻力所消耗的能量。煤层掘巷,由于其扰动范围小,很难造成顶板大面积破断或者断层的大面积滑移释放足够引起冲击地压的能量;煤层掘巷能量主要来源于煤体的瞬间破坏,煤体和围岩积聚的弹性能瞬间释放,形成冲击地压,这种瞬间破坏释放能量的煤体称为冲击源。

3.1.1　冲击源的形成

实体煤巷道几乎不受覆岩运动载荷的影响,那么冲击能量来源可能只有两个方面:一方面为巷道帮部煤体受到高应力的加卸载作用,发生突然破坏释放能量,此种为静载型冲击源;另一方面,断层受煤巷掘进扰动产生滑移,向外部释放能量或者煤体在爆破作业下向外部释放能量,巷帮煤体吸收外界的动载能量与自身巷帮支承压力形成叠加引起煤体突然破坏释放能量,此种为动静载叠加型冲击源。

(1)静载型冲击源

在煤体仅受到静载加载作用时,发生冲击式破坏需要至少满足以下两个条件:

① 煤体所受应力达到 60 MPa 以上;

② 煤体要持续加载,且加载速率须达到一定要求。

综合这两个方面,能够满足此两个条件的只有可能在高应力巷道掘进的支承压力峰值区,且处于煤巷掘进应力扰动范围内,即一般在迎头后方 100 m 范围内。巷道冲击源剖面和水平面示意图如图 3-1 所示。图中的 σ_j 和 σ_c 分别为煤岩体自身的静载应力和煤岩系统的极限强度。

(2)动静载叠加型冲击源

当外界震动波的动载应力 σ_d 与煤岩体自身的静载 σ_j 之和超过煤岩系统极限强度 σ_c 时,煤岩系统发生破坏;当破坏时的极限载荷 σ_c 大于冲击临界应力(60 MPa)时,煤岩系统以冲击形式破坏,形成诱发冲击地压的冲击源,如图 3-2 所示。

3.1.2　冲击破坏作用形式

煤岩体破坏形成冲击源后,冲击源作用于巷帮形成冲击地压主要有两种作用形式:膨胀应力作用型和应力波反射拉伸作用型。

根据数值模拟和实验室试验得到,当煤体受到 60 MPa 以上应力作用时,在一定的加卸

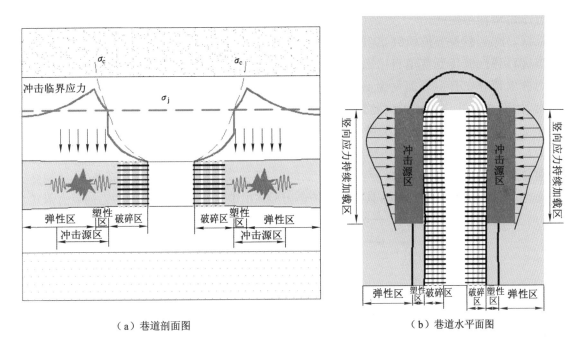

（a）巷道剖面图　　　　　　　　　　（b）巷道水平面图

图 3-1　巷道冲击源剖面和水平面示意图

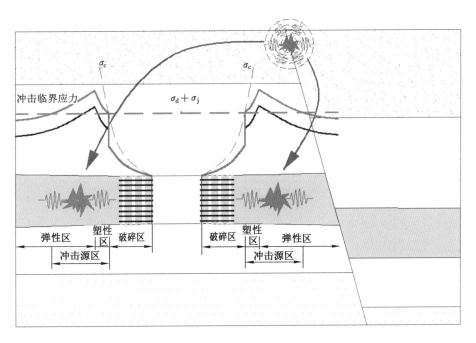

图 3-2　动静载诱发冲击地压示意图

载速率作用下,煤体破坏瞬间,体积膨胀扩容,使水平方向应力瞬间增加;水平方向应力对巷帮煤体形成向巷道空间的推力作用,传递到巷帮自由面的推力大于巷帮煤体支护板结构的临界抵抗应力时,则支护体发生破坏,形成冲击地压。此种冲击过程中,巷帮表面整体向巷道自由空间形成鼓包的现象,煤体并未向外部抛出,如图 3-3(a)所示。在煤体之间的黏聚力和内摩擦角较小的软煤中掘进,形成的巷帮支护板结构强度较低,易形成此种形式的冲击地压。此种类型的冲击主要是由煤体破坏瞬间,煤体膨胀形成侧向应力增量引起的,故称为膨胀应力作用型冲击地压。

根据窦林名教授等的研究,煤体破坏瞬间,向外部释放弹性应力波,应力波携带大量能量。当这种弹性波传到巷道自由表面时,由于煤体和自由表面空气的波阻抗的巨大差异,使得应力波大部分在自由表面发生反射,形成拉伸应力波。当形成的拉伸应力大于锚杆支护强度时,拉断锚杆并将煤体抛向巷道,形成冲击地压。此种类型的冲击破坏形式主要发生在坚硬煤层、脆性大的煤层中以及锚杆强度较低的支护结构中,多表现为"炸帮"的形式,如图3-3(b)所示。此种冲击是由应力波在巷道表面形成的反射拉伸应力引起的,故称为应力波反射拉伸作用型冲击地压。

而在实际煤巷的掘进过程中,具体是哪种作用形式很难判断,主要表现为两者的复合形式。

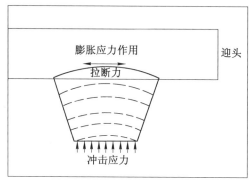

(a) 膨胀应力作用型

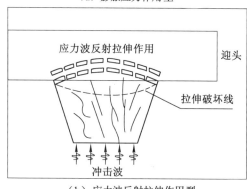

(b) 应力波反射拉伸作用型

图3-3 冲击破坏的两种作用形式

3.1.3 冲击的阻能

冲击阻能是指由冲击源引发的巷道冲击破坏需要消耗的能量。根据不同冲击破坏形式,对应的冲击阻能有所差别。

膨胀应力作用型冲击地压的冲击阻能是:① 冲击源与巷帮锚杆和煤体支护体之间煤体的阻力;② 锚杆和煤体形成的整个板结构,阻力大小主要受锚杆和煤体的板结构强度的影响。锚杆越长、支护体强度越高,煤体越硬,剪应力越大,冲击难度系数越高。

应力波反射拉伸作用型冲击地压的冲击阻能是:① 弹性波传递过程中的能量衰减,其大小与波传播的距离和煤体中的裂隙发育程度有关;② 破坏巷帮锚杆所需的能量和给予抛出煤体的动能,此部分消耗的能量与巷帮锚杆的抗拉强度、锚杆的间距、抛向巷道的煤体量有关,如图3-4所示。

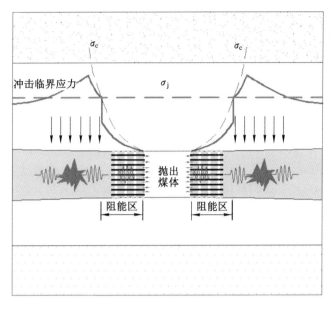

图 3-4　冲击地压阻能区示意图

3.2　冲击源的强度

3.2.1　膨胀应力作用型冲击地压的冲击源

膨胀应力作用型冲击地压的冲击源是指巷道围岩煤体破坏瞬间,煤体膨胀扩容形成的侧向应力。侧向应力的突然增加量的数值大小与巷帮围岩的初始应力 p、卸加比 h' 等相关,随着初始应力的增加和卸加比的减小,呈现增加的趋势,根据数值模拟结果可以用如下公式计算,即

$$\sigma = 0.28 \times (p - 8 \times \frac{h'}{h'+1}) \times h'^{-0.86} \tag{3-1}$$

式中　h'——卸加比,即卸载轴速率和加载轴速率之比;

　　　p——围岩的初始应力;

　　　σ——膨胀应力作用型冲击地压的冲击源。

3.2.2　应力波反射拉伸作用型冲击地压的冲击源

根据相关研究可知,当煤岩体系统平衡状态破坏后释放的能量大于消耗的能量时就会发生冲击地压。这一过程中,外界震动波的动载应力与煤岩体自身的静载应力之和超过煤岩系统强度极限时,煤岩系统发生破坏;破坏过程中,煤体释放的弹性能为 $\frac{\mathrm{d}U_{\mathrm{m}}}{\mathrm{d}t}$,顶底板释放的弹性能为 $\frac{\mathrm{d}U_{\mathrm{f}}}{\mathrm{d}t}$,当 $\frac{\mathrm{d}U_{\mathrm{m}}}{\mathrm{d}t} + \frac{\mathrm{d}U_{\mathrm{f}}}{\mathrm{d}t}$ 大于发生冲击消耗的能量 $\frac{\mathrm{d}U_{\mathrm{p}}}{\mathrm{d}t}$ 时,即发生冲击地压。因此,应力波反射拉伸作用型冲击地压的冲击源是指巷道围岩煤体破坏瞬间,煤体释放的弹性能和顶底板岩石释放的弹性能。对于拱式结构,巷道围岩均为煤体,不存在顶底板岩石的弹性能。

（1）梁式结构冲击源能量

① 煤体释放的能量

对于峰值强度区和弹性区的煤体,当轴向应力达到其相应围压下的峰值强度时,煤体会瞬间破坏,释放大量能量,使残余强度区获得动能,诱发冲击地压。

煤体在三轴状态下应变能密度为:

$$u_m = \frac{1}{2}\sigma_x\varepsilon_x + \frac{1}{2}\sigma_y\varepsilon_y + \frac{1}{2}\sigma_z\varepsilon_z \tag{3-2}$$

广义胡克定律的计算公式为:

$$\begin{cases} \varepsilon_x = \dfrac{1}{E}\left[\sigma_x - \mu(\sigma_y + \sigma_z)\right] \\[2mm] \varepsilon_y = \dfrac{1}{E}\left[\sigma_y - \mu(\sigma_x + \sigma_z)\right] \\[2mm] \varepsilon_z = \dfrac{1}{E}\left[\sigma_z - \mu(\sigma_x + \sigma_y)\right] \end{cases} \tag{3-3}$$

式中,ε_x、ε_y 和 ε_z 分别为 x、y 和 z 方向上的应变;σ_x、σ_y 和 σ_z 分别为 x、y 和 z 方向上的应力;E 为弹性模量;μ 为泊松比。

联立式(3-2)和式(3-3)可将三轴状态下的应变能密度写成如下式:

$$u_m = \frac{1}{2E}\left[\sigma_x^2 + \sigma_y^2 + \sigma_z^2 - 2\mu(\sigma_x\sigma_y + \sigma_z\sigma_y + \sigma_x\sigma_z)\right] \tag{3-4}$$

煤体巷道开挖后,在走向方向(y 方向)上受到的应变增量 $\Delta\varepsilon_y = 0$,设初始地层中储存的 y 方向的弹性应变为 ε'_y,联立式(3-3),得:

$$\sigma_y = E\varepsilon'_y + \mu(\sigma_x + \sigma_z) \tag{3-5}$$

将式(3-5)代入式(3-4)可得到用 σ_x、σ_z、ε'_y 表达的应变能密度 u'_m 的公式,即

$$u'_m = \frac{1}{2E}\left[(1-\mu^2)\sigma_x^2 + (1-\mu^2)\sigma_z^2 - 2(\mu+\mu^2)\sigma_x\sigma_z + (E\varepsilon'_y)^2\right] \tag{3-6}$$

设 σ'_x、σ'_z 为破坏后煤体 x 方向应力和 z 方向应力;σ_x、σ_z 为煤体破坏前 x 方向应力和 z 方向应力,则煤体破坏过程释放的应变能为:

$$\begin{aligned}
\frac{dU_m}{dt} &= \frac{m}{2tE}\left(\int u_m dx - \int u'_m dx\right) \\
&= \frac{m}{2tE}\int\left[(1-\mu^2)\sigma_x^2 + (1-\mu^2)\sigma_z^2 - 2(\mu+\mu^2)\sigma_x\sigma_z + (E\varepsilon'_y)^2 - (1-\mu^2)\sigma'^2_x - \right. \\
&\quad \left. (1-\mu^2)\sigma'^2_z + 2(\mu+\mu^2)\sigma'_x\sigma'_z - (E'\varepsilon'_y)^2\right]dx
\end{aligned} \tag{3-7}$$

② 顶底板释放的能量

由于巷道围岩是由煤体和岩体组成的整体,因此岩体所受到的应力等于煤体所受到的压缩应力。在外界能量引起煤层应力变化的过程中,在残余强度区,由于煤体对顶底板的支承力几乎没有变化,故顶底板不会产生变形释放能量;对于产生破坏的塑性区和弹性区,煤体对顶底板的支承力由峰值降为残余强度,顶底板产生弹性变形释放弹性能,释放的弹性能将有助于冲击地压的形成;未破坏的塑性区和弹性区煤体上方的顶板,虽然也产生弹性变形,但是其释放的弹性能被其下方的煤体所吸收,并不释放能量。

对于顶板岩层来说,在竖直方向上,由于煤体受到压缩变形,顶板在垂直方向产生下沉

变形,在倾向和走向方向上受到相邻岩体的位移约束作用,产生的变形量较小,可假设变形量为零,则 $\Delta\varepsilon_x = 0$,$\Delta\varepsilon_y = 0$。设初始地层中储存的 x 和 y 方向的弹性应变为 ε'_x、ε'_y,岩层自重引起的垂向应力为 $\sigma_z = \gamma H$(γ 为地层重度),受到地质构造作用产生的侧向应力为 $\sigma_x = \sigma_y = A\gamma H$($A$ 为侧压系数),则根据广义胡克定律公式(3-3)可得原始地层中储存的各向弹性应变为:

$$\begin{cases} \varepsilon'_x = \dfrac{A - \mu A - \mu}{E}\gamma H \\[2mm] \varepsilon'_y = \dfrac{A - \mu A - \mu}{E}\gamma H \\[2mm] \varepsilon'_z = \dfrac{1 - 2\mu A}{E}\gamma H \end{cases} \tag{3-8}$$

将 ε'_x、ε'_y、$\Delta\varepsilon_x$、$\Delta\varepsilon_y$ 代入广义胡克定律公式(3-3)可得:

$$\sigma_x = \sigma_y = \frac{\mu'}{1 - \mu'}\sigma_z + \frac{E\varepsilon'_x}{1 - \mu'} \tag{3-9}$$

式中 μ'——顶板的泊松比。

将式(3-9)代入应变能密度方程式(3-4),并联立式(3-7),可得顶底板释放的应变能为:

$$\frac{dU_f}{dt} = \frac{H}{2tE'}\int\left(\sigma_z^2 + \frac{2\mu'E'\varepsilon'_x}{1 - \mu'}\sigma_z - \sigma_z'^2 - \frac{2\mu'E'\varepsilon'_x}{1 - \mu'}\sigma'_z\right)dx \tag{3-10}$$

式中 σ'_z,σ_z——煤层破坏前后的应力。

（2）拱式结构冲击源能量

拱式结构中,巷道周围均为煤体,形成圆拱形的结构,由于顶底板距离煤层较远,作用于煤体冲击的能量较小,不做计算,冲击源能量仅为煤层破坏瞬间释放的弹性能。

平面问题中,直角坐标系中的坐标 x 和 z 的方向是正交的,极坐标系中的坐标 ρ 和 φ 的方向也是正交的;三维空间直角坐标系中的 y 与 x 方向和 z 方向正交,极坐标系中的 y 方向与坐标 ρ 和 φ 的方向也是正交的,因此只需将极坐标系中 ρ、φ、y 与直角坐标系中的 x、z、y 相互替换即可得到拱式结构冲击源能量的计算公式:

$$\begin{aligned} \frac{dU_m}{dt} &= \frac{m}{2tE}\left(\int u_m d\rho - \int u'_m d\rho\right) \\ &= \frac{m}{2tE}\int\big[(1 - \mu^2)\sigma_\rho^2 + (1 - \mu^2)\sigma_\varphi^2 - 2(\mu + \mu^2)\sigma_\rho\sigma_\varphi - (1 - \mu^2)\sigma_\rho'^2 - (1 - \mu^2)\sigma_\varphi'^2 + \\ &\quad 2(\mu + \mu^2)\sigma'_\rho\sigma'_\varphi\big]d\rho \end{aligned} \tag{3-11}$$

3.3 冲击阻能的强度

冲击阻能按照冲击源引起的冲击破坏形式的不同可以分为膨胀应力作用型冲击地压的冲击阻能和应力波反射拉伸作用型冲击地压的冲击阻能。

3.3.1 膨胀应力作用型冲击地压的冲击阻能

膨胀应力作用型的冲击阻能就是冲击阻力,它是指倾向方向上煤岩界面之间的摩擦力（或者煤体之间的黏聚力）和走向方向上锚杆与煤体组合体永久变形的弯矩力。由于煤巷掘进或巷道围岩的煤岩界面之间的摩擦力（或者煤体之间的黏聚力）在倾向方向上处于极限应力状态,冲击瞬间起不到阻力的作用,故冲击时的冲击阻力仅为走向方向上锚杆与煤体组合体永久变形的弯矩力。

（1）冲击破坏区不受迎头影响

此时煤体和锚杆的组合体梁在倾向剖面上受到顶底板岩石与煤体之间的摩擦力作用；在走向剖面上处于自由状态，可以将支护体看作简支梁。支护体的最大弯矩位于冲击破坏区中央，即

$$M = \frac{qL^2}{8} \qquad (3\text{-}12)$$

当形成的组合梁的最大拉应力大于组合体的抗拉强度时，组合梁形成永久的变形破坏，即

$$\sigma_{\max} = \frac{My}{J} = \frac{3qL^2}{4bh^2} > R^T \qquad (3\text{-}13)$$

进而可得使组合体产生永久变形的临界应力为：

$$q = \frac{4bh^2 R^T}{3L^2} \qquad (3\text{-}14)$$

应力在传播过程中存在衰减，即

$$q(l) = P_x \cdot l^{-a} \qquad (3\text{-}15)$$

联立式（3-14）、式（3-15）可得冲击阻力为：

$$P_x = \frac{4bh^2 R^T}{3L^2} \cdot l^a \qquad (3\text{-}16)$$

式中 b——巷道高度；

         h——组合体厚度，即锚杆长度；

         R^T——组合体抗拉强度极限；

         L——冲击破坏区走向长度；

         l——冲击源与巷道自由面的距离；

         P_x——冲击阻力；

         α——煤岩体的衰减系数。

（2）冲击破坏区受迎头影响

此时煤体和锚杆的组合体梁在倾向剖面上受到顶底板岩石与煤体之间的摩擦力作用；在走向剖面上可以将支护体看成是一端固支的梁，设破坏区与迎头的最短距离为 x_0，此时形成的组合体的最大弯矩位于迎头位置，即

$$M = \frac{qL^2}{2} + qLx_0 \qquad (3\text{-}17)$$

当形成的组合梁的最大拉应力大于组合体的抗拉强度时，组合梁形成永久的变形破坏，即

$$\sigma_{\max} = \frac{My}{J} = \frac{6qL}{bh^2}\left(\frac{L}{2} + x_0\right) > R^T \qquad (3\text{-}18)$$

进而可得使组合体破坏的临界应力为：

$$q = \frac{bh^2 R^T}{L(3L + 6x_0)} \qquad (3\text{-}19)$$

联立式（3-15）和式（3-19）可得冲击阻力为：

$$P_x = \frac{bh^2 R^T}{L(3L + 6x_0)} \cdot l^a \tag{3-20}$$

式中　x_0——破坏区与迎头的最短距离；

其他参数含义同前。

（3）冲击破坏区位于迎头

此时可以将支护体看成是四端固支的板，形成的组合体的最大弯矩位于四边，设巷道宽度与巷道高度相同，则使组合体破坏的临界应力为：

$$q = \frac{2R^T h^2 (1 + \lambda^4)}{(1 + \mu\lambda^2) b^2 (1 - \mu^2)^2} \tag{3-21}$$

联立式（3-15）和式（3-21）可得冲击阻力为：

$$P_x = \frac{2R^T h^2 (1 + \lambda^4)}{(1 + \mu\lambda^2) b^2 (1 - \mu^2)^2} \cdot l^a \tag{3-22}$$

式中　λ——巷道高度与宽度之比，设巷道高度和宽度相同，则 $\lambda = 1$；

其他参数含义同前。

3.3.2　应力波反射拉伸作用型冲击地压的冲击阻能

（1）传播过程的能量消耗

波在介质中传播，存在能量的消耗，波传播到巷道自由面所剩的波能量按照波传播过程中能量的衰减方程进行计算，即

$$E(L) = E_0 L^{-a} \tag{3-23}$$

式中　$E(L)$——波传递距离 L 后的能量值；

E_0——初始能量；

L——传播距离；

α——衰减系数。

（2）锚杆破断耗能

波传播到巷道表面，在巷道自由面产生拉伸应力作用，当自由面所产生的拉伸应力大于锚杆破断力且巷帮煤体获得一定的动能时，巷道破坏形成冲击地压。

煤矿巷道一般采用锚网索支护，设锚杆支护吸收的能量为 E_g，锚索支护吸收的能量为 E_s，假设锚杆支护密度为 a 根/m²，锚索支护密度为 b 根/m²，则锚杆吸收的能量为：

$$E_m = E_g a + E_s b \tag{3-24}$$

锚杆破断后，形成冲击地压还需给予煤体一定的动能。根据高明仕等的研究，取岩体破裂厚度为 1.0 m，则计算出发生冲击地压时巷道围岩表面岩体所需的动能为：

$$E_t = \frac{1}{2} \rho g m v^2 \tag{3-25}$$

式中　E_t——冲击煤体所需动能；

ρ——煤体密度；

m——煤层厚度；

v——煤体获得的速度，即发生冲击时所需的煤体最低速度，取 1.5 m/s，低于这个值认为巷道未发生冲击破坏。

3.4 巷道冲击危险性判别方法

根据前述分析,认为煤巷掘进冲击地压分为两种冲击破坏形式,达到任何一种冲击破坏形式,均会形成冲击地压,具体冲击危险性系数计算如下。

3.4.1 膨胀应力作用型的冲击危险性分析

冲击地压的发生与否取决于煤体破坏瞬间所产生的侧向应力增量(P_c)与使巷帮煤体破坏所需的最小应力(P_x)的比值,若此比值大于等于1,则发生冲击地压,即

$$K = \frac{P_c}{P_x} \geqslant 1 \tag{3-26}$$

3.4.2 应力波反射拉伸作用型的冲击危险性分析

冲击地压发生与否取决于煤体和围岩释放的能量(冲击源能量)与克服煤体和围岩边界阻力所消耗的能量(冲击阻能)的比值,比值大于等于 1 是发生冲击地压的必要条件,如式(3-27)所示;比值越大,发生冲击地压的概率越大。

$$K = \frac{E_c}{E_z} = \frac{\left[\alpha \cdot \left(\frac{dU_f}{dt}\bigg|_{x_0}^{x'_0}\right) + \beta \cdot \left(\frac{dU_m}{dt}\bigg|_{x_0}^{x'_0}\right)\right] \cdot L^{-\alpha}}{E_t + E_m} \geqslant 1 \tag{3-27}$$

式中　E_c, E_z——煤岩体释放的能量和冲击阻能;

　　　　α, β——煤体和围岩释放的能量作用于巷道的有效系数。

煤巷掘进时围岩应力受巷道围岩结构力学参数与围岩应力路径转换的影响。本章主要结合"加-卸"应力路径下试样应力方程、巷道围岩应力路径转换特征和围岩结构力学特征,分别使用梁理论和弹性力学理论构建了煤巷掘进围岩应力方程。并根据冲击破坏形式,进一步构建了掘巷围岩冲击危险性计算方程。主要结论有:

(1) 提出了煤巷掘进过程中两种冲击作用形式:① 膨胀应力作用型:煤体在高应力作用下易突然破坏,体积瞬间膨胀扩容,使巷帮煤体在倾向方向上瞬间应力增量大于巷帮支护阻力,将煤体推向巷道空间,形成巷道鼓包的冲击破坏形式,此种破坏形式多发生在黏聚力和内摩擦角较小的软煤中。② 应力波反射拉伸作用型:煤体破坏瞬间产生应力波,当波传播到巷道自由面时,由于煤体和自由表面空气的波阻抗的巨大差异,应力波在自由表面发生反射,形成拉伸应力波,当形成的拉伸应力大于锚杆抗拉强度时,巷帮支护体破坏,煤体被抛向巷道形成冲击地压,此种破坏形式多发生在支护强度较小的硬煤中,常表现出"炸帮"特征。而在实际过程中,具体是哪种形式的冲击很难判断,主要表现为两者的复合形式。

(2) 根据煤巷掘进过程中两种冲击破坏作用形式,建立了巷道冲击危险性计算方程;以梁式模型的应力波反射拉伸作用的冲击破坏形式为对象,分析了巷道倾向断面的应力、能量及冲击危险性特征;探讨了巷道走向应力特征;最后研究了煤岩力学性质对冲击危险性的影响。

4　冲击危险性预测与防冲设计

4.1　冲击危险性评价方法

4.1.1　综合指数法

综合指数法是在已发生的冲击地压灾害的基础上,通过分析各种采矿、地质因素对冲击地压发生的影响,确定各种因素的影响权重,然后将其综合起来,建立的冲击地压危险性评价和预测的方法。这是一种宏观角度的评价方法,可用于对工作面冲击地压危险性进行评价,以便正确地认识冲击地压对矿井生产的威胁。对于具有冲击危险性的矿井来说,在进行采区设计、工作面布置、采煤方法等的选择时,都要对该采区、煤层、水平或工作面进行冲击地压危险性评定工作,以便减少或避免冲击地压对矿井安全生产的威胁。冲击地压危险状态可通过分析岩体内的应力、岩体特性、煤层特征等地质因素和开采技术因素来确定。危险性指数分为地质因素评价的指数和开采技术因素评价的指数,综合两者来评价区域的冲击危险程度。

$$W_t = \max\{W_{t1}, W_{t2}\} \tag{4-1}$$

其中,W_t为某采掘工作面的冲击地压危险状态等级评定综合指数,以此可以确定冲击地压危险程度;W_{t1}为地质因素对冲击地压的影响程度及冲击地压危险状态等级评定的指数,考虑了开采深度等7项指标;W_{t2}为开采技术因素对冲击地压的影响程度及冲击地压危险状态等级评定的指数,考虑了工作面距残采线或停采线的垂直距离等11项指标。即

$$W_{t1} = \frac{\sum_{i=1}^{n_1} W_i}{\sum_{i=1}^{n_1} W_{i\max}} \tag{4-2}$$

$$W_{t2} = \frac{\sum_{i=1}^{n_2} W_i}{\sum_{i=1}^{n_2} W_{i\max}} \tag{4-3}$$

根据得出的冲击地压危险状态等级评定综合指数,可将冲击地压的危险程度定量分为四个等级,分别为无冲击危险、弱冲击危险、中等冲击危险、强冲击危险。根据冲击危险性分级不同,采取相应的防控对策,见表4-1。地质因素和开采技术因素确定的冲击危险评定指数指标见表4-2和表4-3。

表 4-1 冲击地压危险等级、状态、综合指数及防控对策

危险等级 危险状态	综合指数	冲击地压危险防控对策
A 无冲击	$W_t \leqslant 0.25$	按无冲击地压危险性采区管理,正常进行设计及生产作业
B 弱冲击	$0.25 < W_t \leqslant 0.5$	除了考虑冲击地压影响因素进行开采设计之外,还应满足: 1. 配备必要的监测检验设备和治理装备。 2. 采掘作业前,对采煤工作面支承压力影响区域、掘进煤层巷道迎头及后方巷帮至少采取一种有针对性、有效的局部防冲措施。 3. 设置人员限制区域,确定避灾路线。 4. 制订监测和治理方案,作业中进行冲击地压危险性监测、解危和效果检验工作
C 中等冲击	$0.5 < W_t \leqslant 0.75$	考虑冲击地压影响因素进行设计,合理选择巷道及硐室布置方案、工作面接替顺序;优化主要巷道及硐室的技术参数、支护方式、掘进速度、采煤工作面超前支护距离及方式等,还应满足: 1. 配备完备区域与局部的监测检验设备和治理装备。 2. 作业前对采煤工作面支承压力影响区、掘进煤层巷道迎头及后方的巷帮采取预卸压措施。 3. 设置人员限制区域,确定避灾路线。 4. 制订监测和治理方案,作业中进行冲击地压危险性监测、解危和效果检验工作
D 强冲击	$W_t > 0.75$	考虑冲击地压影响因素进行设计,合理选择巷道及硐室布置方案、工作面接替顺序等;优化巷道及硐室技术参数、支护方式和掘进速度等;优化采煤工作面顶板支护、推进速度、超前支护距离及方式、采放煤高度等参数,还应满足: 1. 配备完备区域与局部的监测检验设备和治理装备。 2. 作业前对采煤工作面回采道、掘进煤层巷道迎头及后方的巷帮实施全面预卸压,经检验冲击地压危险性解除后方可进行作业。 3. 制订监测和治理方案,作业中加强对冲击地压危险性的监测、解危和效果检验措施;监测对周边巷道、硐室等扰动影响,并制定对应的治理措施。 4. 设置躲避硐室、人员限制区域,确定避灾路线。 如果在生产过程中,经充分采取监测及解危措施后,仍不能保证安全时应停止生产或重新设计

表 4-2 地质因素影响的冲击地压危险指数

序号	影响因素	因素说明	因素分类	评价指数
1	W_1	同一水平煤层冲击地压发生历史(次数 n)	$n=0$	0
			$n=1$	1
			$n=2$	2
			$n \geqslant 3$	3
2	W_2	开采深度 H	$H \leqslant 400\ m$	0
			$400\ m < H \leqslant 600\ m$	1
			$600\ m < H \leqslant 800\ m$	2
			$H > 800\ m$	3

表 4-2(续)

序号	影响因素	因素说明	因素分类	评价指数
3	W_3	上覆裂缝带内坚硬厚岩层距煤层的距离 d	$d>100$ m	0
			50 m$<d\leqslant100$ m	1
			20 m$<d\leqslant50$ m	2
			$d\leqslant20$ m	3
4	W_4	开采区域内因构造引起的应力增量与正常应力值之比 γ，$\gamma=(\sigma_g-\sigma)/\sigma$	$\gamma\leqslant10\%$	0
			$10\%<\gamma\leqslant20\%$	1
			$20\%<\gamma\leqslant30\%$	2
			$\gamma>30\%$	3
5	W_5	煤层上方 100 m 范围内顶板岩层厚度特征参数 L_{st}	$L_{st}\leqslant50$ m	0
			50 m$<L_{st}\leqslant70$ m	1
			70 m$<L_{st}\leqslant90$ m	2
			$L_{st}>90$ m	3
6	W_6	煤的单轴抗压强度 R_c	$R_c\leqslant10$ MPa	0
			10 MPa$<R_c\leqslant14$ MPa	1
			14 MPa$<R_c\leqslant20$ MPa	2
			$R_c>20$ MPa	3
7	W_7	煤的弹性能指数 W_{ET}	$W_{ET}<2.0$	0
			$2.0\leqslant W_{ET}<3.5$	1
			$3.5\leqslant W_{ET}<5.0$	2
			$W_{ET}\geqslant5.0$	3
危险等级评价		$W_{t1}=\dfrac{\sum\limits_{i=1}^{n_1}W_i}{\sum\limits_{i=1}^{n_1}W_{i\max}}$	$W_{t1}\leqslant0.25$	无冲击
			$0.25<W_{t1}\leqslant0.50$	弱冲击
			$0.50<W_{t1}\leqslant0.75$	中等冲击
			$W_{t1}>0.75$	强冲击

表 4-3 开采技术条件因素影响的冲击地压危险指数

序号	影响因素	因素说明	因素分类	评估指数
1	W_1	保护层的卸压程度	好	0
			中等	1
			一般	2
			很差	3
2	W_2	工作面距上保护层开采遗留的煤柱的水平距离 h_z	$h_z\geqslant60$ m	0
			30 m$\leqslant h_z<60$ m	1
			0 m$\leqslant h_z<30$ m	2
			$h_z<0$ m(煤柱下方)	3

表 4-3(续)

序号	影响因素	因素说明	因素分类	评估指数
3	W_3	工作面与邻近采空区的关系	实体煤工作面	0
			一侧采空	1
			两侧采空	2
			三侧及以上采空	3
4	W_4	工作面长度 L_m	$L_m \geqslant 300\ m$	0
			$150\ m \leqslant L_m < 300\ m$	1
			$100\ m \leqslant L_m < 150\ m$	2
			$L_m < 100\ m$	3
5	W_5	区段煤柱宽度 d	$d \leqslant 3\ m$，或 $d \geqslant 50\ m$	0
			$3\ m < d \leqslant 6\ m$	1
			$6\ m < d \leqslant 10\ m$	2
			$10\ m < d < 50\ m$	3
6	W_6	留底煤厚度 t_d	$t_d = 0\ m$	0
			$0\ m < t_d \leqslant 1\ m$	1
			$1\ m < t_d \leqslant 2\ m$	2
			$t_d > 2\ m$	3
7	W_7	向采空区掘进的巷道,停掘位置与采空区的距离 L_{jc}	$L_{jc} \geqslant 150\ m$	0
			$100\ m \leqslant L_{jc} < 150\ m$	1
			$50\ m \leqslant L_{jc} < 100\ m$	2
			$L_{jc} < 50\ m$	3
8	W_8	向采空区推进的工作面,停采线与采空区的距离 L_{mc}	$L_{mc} \geqslant 300\ m$	0
			$200\ m \leqslant L_{mc} < 300\ m$	1
			$100\ m \leqslant L_{mc} < 200\ m$	2
			$L_{mc} < 100\ m$	3
9	W_9	向落差大于 3 m 的断层推进的工作面或巷道,工作面或迎头与断层的距离 L_d	$L_d \geqslant 100\ m$	0
			$50\ m \leqslant L_d < 100\ m$	1
			$20\ m \leqslant L_d < 50\ m$	2
			$L_d < 20\ m$	3
10	W_{10}	向煤层倾角剧烈变化(>15°)的向斜或背斜推进的工作面或巷道,工作面或迎头与之的距离 L_z	$L_z \geqslant 50\ m$	0
			$20\ m \leqslant L_z < 50\ m$	1
			$10\ m \leqslant L_z < 20\ m$	2
			$L_z < 10\ m$	3
11	W_{11}	向煤层侵蚀、合层或厚度变化部分推进的工作面或巷道,距接近煤层变化部分的距离 L_b	$L_b \geqslant 50\ m$	0
			$20\ m \leqslant L_b < 50\ m$	1
			$10\ m \leqslant L_b < 20\ m$	2
			$L_b < 10\ m$	3

表 4-3(续)

序号	因素说明	因素分类	评估指数
危险等级评估	$$W_{t2} = \dfrac{\sum\limits_{i=1}^{n_2} W_i}{\sum\limits_{i=1}^{n_2} W_{imax}}$$	$W_{t2} \leqslant 0.25$	无冲击
		$0.25 < W_{t2} \leqslant 0.50$	弱冲击
		$0.50 < W_{t2} \leqslant 0.75$	中等冲击
		$W_{t2} > 0.75$	强冲击

4.1.2 张双楼煤矿冲击危险评价举例

以 $-1\,000$ m 水平下山延深采区为例,根据 74103 工作面地质条件,可以确定地质因素影响下的冲击地压危险指数,确定的冲击地压危险指数与危险等级评定的综合指数见表 4-4。

表 4-4 地质条件确定的冲击地压危险指数

序号	影响因素	因素说明	因素分类	评估指数	取值说明	评价取值
1	W_1	同一水平煤层冲击地压发生历史(次数 n)	$n=0$	0	$-1\,000$ m 水平下山延深采区 7 煤层发生 1 次冲击地压;$-1\,000$ m 西一专用回风道 7 煤层发生 1 次冲击地压	2
			$n=1$	1		
			$n=2$	2		
			$n \geqslant 3$	3		
2	W_2	开采深度 H	$H \leqslant 400$ m	0	74103 工作面采深为 $1\,022 \sim 1\,194$ m	3
			$400\ \text{m} < H \leqslant 600\ \text{m}$	1		
			$600\ \text{m} < H \leqslant 800\ \text{m}$	2		
			$H > 800$ m	3		
3	W_3	上覆裂缝带内坚硬厚岩层距煤层的距离 d	$d > 100$ m	0	74103 工作面上覆 $1\,000$ m 范围内无坚硬厚层顶板(单层厚度大于 10 m,单轴抗压强度大于 60 MPa)	0
			$50\ \text{m} < d \leqslant 100\ \text{m}$	1		
			$20\ \text{m} < d \leqslant 50\ \text{m}$	2		
			$d \leqslant 20$ m	3		
4	W_4	开采区域内因构造引起的应力增量与正常应力值之比 γ	$\gamma \leqslant 10\%$	0	74103 工作面范围内构造简单,单斜构造,褶皱不发育,整体以自重应力场为主,局部断层带区域地压显现较高,预计 γ 为 $10\% \sim 20\%$	1
			$10\% < \gamma \leqslant 20\%$	1		
			$20\% < \gamma \leqslant 30\%$	2		
			$\gamma > 30\%$	3		
5	W_5	煤层上方 100 m 范围内顶板岩层厚度特征参数 L_{st}	$L_{st} \leqslant 50$ m	0	74103 工作面上方 100 m 范围内岩层特征参数为 76.32 m	2
			$50\ \text{m} < L_{st} \leqslant 70\ \text{m}$	1		
			$70\ \text{m} < L_{st} \leqslant 90\ \text{m}$	2		
			$L_{st} > 90$ m	3		
6	W_6	煤的单轴抗压强度 R_c	$R_c \leqslant 10$ MPa	0	$-1\,000$ m 水平 7 煤层单轴抗压强度平均为 17.4 MPa	2
			$10\ \text{MPa} < R_c \leqslant 14\ \text{MPa}$	1		
			$14\ \text{MPa} < R_c \leqslant 20\ \text{MPa}$	2		
			$R_c > 20$ MPa	3		

表 4-4(续)

序号	影响因素	因素说明	因素分类	评估指数	取值说明	评价取值
7	W_7	煤的弹性能指数 W_{ET}	$W_{ET}<2.0$	0	$-1\,000$ m 水平 7 煤层弹性能指数平均为 9.2	3
			$2.0\leqslant W_{ET}<3.5$	1		
			$3.5\leqslant W_{ET}<5.0$	2		
			$W_{ET}\geqslant5.0$	3		
危险等级评价	$W_{t1}=\dfrac{\sum\limits_{i=1}^{n_1}W_i}{\sum\limits_{i=1}^{n_1}W_{i\max}}$		$W_{t1}\leqslant0.25$	无冲击	$\dfrac{2+3+2+1+2+3}{21}\approx0.62$	中等冲击危险
			$0.25<W_{t1}\leqslant0.50$	弱冲击		
			$0.50<W_{t1}\leqslant0.75$	中等冲击		
			$W_{t1}>0.75$	强冲击		

对表 4-4 中的评价取值说明如下:

(1) 同一水平煤层冲击地压发生历史(次数 n):$-1\,000$ m 水平延深采区 7 煤层共计发生 2 次冲击地压事故,即:① 2010 年 7 月 30 日 3 时 15 分在 $-1\,200$ m 水平东一采区 7 煤层运输上山发生冲击地压事故;② 2012 年 12 月 10 日,$-1\,000$ m 水平西一专用回风道发生一起冲击显现。近 6 年来无冲击显现,无能量高于 10^5 J 的震动事件发生,本项取值 2。

(2) 开采深度:74103 工作面整体开采深度大于 $1\,000$ m,本项取值 3。

(3) 上覆裂缝带内坚硬厚岩层距煤层的距离 d:74103 工作面煤层厚度为 $3.7\sim5.0$ m,裂缝带高度不超过 100 m,根据工作面范围内钻孔柱状图(1-2 钻孔、2-1 钻孔、3-2 钻孔)以及综合柱状图,并结合地质报告可知:74103 工作面上覆 100 m 范围内无单层厚度大于 10 m、单轴抗压强度高于 60 MPa 的厚层坚硬顶板,本项取值 0。

(4) 开采区域内因构造引起的应力增量与正常应力值之比 γ:74103 工作面范围内构造简单,单斜构造,褶曲不发育,因此整体水平构造应力不高,以自重应力场为主,落差大于 3 m 的断层仅有 3 条,断层较为集中在工作面材料道一侧,74101 工作面回采过程中的局部断层带区域地压显现较高,根据矿震能量与频次统计,预计构造应力引起的应力增量与正常应力值之比为 10%～20%,本项取值 1。

(5) 煤层上方 100 m 范围内顶板岩层厚度特征参数 L_{st}:根据 74103 工作面综合柱状图可以计算出 100 m 范围内顶板岩层厚度特征参数 L_{st},如表 4-4 计算所得,折合成 100 m 厚度岩层,其特征参数为 76.32 m,本项取值 2。

(6) 煤的单轴抗压强度 R_c:根据《张双楼煤矿$-1\,200$ m 水平煤岩样力学性质及冲击倾向性测试》报告,7 煤层单轴抗压强度平均为 17.4 MPa,本项取值 2。

(7) 煤的弹性能指数 W_{ET}:根据《张双楼煤矿$-1\,200$ m 水平煤岩样力学性质及冲击倾向性测试》报告,7 煤层弹性能指数为 9.2,本项取值 3。

根据 74103 工作面开采(掘进与回采)条件,可以确定在开采技术因素影响下的冲击地压危险指数,确定的冲击地压危险指数与危险等级评定的综合指数见表 4-5。

表 4-5   开采技术因素确定的冲击地压危险等级

序号	影响因素	因素说明	因素分类	评估指数	取值说明	评价取值
1	W_1	保护层的卸压程度	好	0	7 煤层上方无煤层开采	不考虑
			中等	1		
			一般	2		
			很差	3		
2	W_2	工作面距上保护层开采遗留的煤柱的水平距离 h_z	$h_z \geqslant 60$ m	0	7 煤层上方无煤层开采	不考虑
			30 m $\leqslant h_z < 60$ m	1		
			0 m $\leqslant h_z < 30$ m	2		
			$h_z < 0$ m（煤柱下方）	3		
3	W_3	工作面与邻近采空区的关系	实体煤工作面	0	74103 工作面一侧采空	1
			一侧采空	1		
			两侧采空	2		
			三侧及以上采空	3		
4	W_4	工作面长度 L_m	$L_m \geqslant 300$ m	0	工作面倾斜长 186.7 m	1
			150 m $\leqslant L_m < 300$ m	1		
			100 m $\leqslant L_m < 150$ m	2		
			$L_m < 100$ m	3		
5	W_5	区段煤柱宽度 d	$d \leqslant 3$ m,或 $d \geqslant 50$ m	0	区段煤柱宽度为 5.5~6.0 m	1
			3 m $< d \leqslant 6$ m	1		
			6 m $< d \leqslant 10$ m	2		
			10 m $< d < 50$ m	3		
6	W_6	留底煤厚度 t_d	$t_d = 0$ m	0	倾斜煤层巷,低帮侧留有三角底煤,局部厚度大于 2 m	3
			0 m $< t_d \leqslant 1$ m	1		
			1 m $< t_d \leqslant 2$ m	2		
			$t_d > 2$ m	3		
7	W_7	向采空区掘进的巷道,停掘位置与采空区的距离 L_{jc}	$L_{jc} \geqslant 150$ m	0	工作面无向采空区掘进的情况	0
			100 m $\leqslant L_{jc} < 150$ m	1		
			50 m $\leqslant L_{jc} < 100$ m	2		
			$L_{jc} < 50$ m	3		
8	W_8	向采空区推进的工作面,停采线与采空区的距离 L_{mc}	$L_{mc} \geqslant 300$ m	0	工作面无向采空区推进的情况	0
			200 m $\leqslant L_{mc} < 300$ m	1		
			100 m $\leqslant L_{mc} < 200$ m	2		
			$L_{mc} < 100$ m	3		

表 4-5(续)

序号	影响因素	因素说明	因素分类	评估指数	取值说明	评价取值
9	W_9	向落差大于 3 m 的断层推进的工作面或巷道,工作面或迎头与断层的距离 L_d	$L_d \geqslant 100$ m	0	材料道掘进与工作面推进过程中,存在过落差大于 3.0 m 的断层	3
			50 m$\leqslant L_d <100$ m	1		
			20 m$\leqslant L_d <50$ m	2		
			$L_d <20$ m	3		
10	W_{10}	向煤层倾角剧烈变化($>15°$)的向斜或背斜推进的工作面或巷道,工作面或迎头与之的距离 L_z	$L_z \geqslant 50$ m	0	工作面单斜构造,无剧烈变化褶皱构造	0
			20 m$\leqslant L_z <50$ m	1		
			10 m$\leqslant L_z <20$ m	2		
			$L_z <10$ m	3		
11	W_{11}	向煤层侵蚀、合层或厚度变化部分推进的工作面或巷道,距接近煤层变化部分的距离 L_b	$L_b \geqslant 50$ m	0	74103 工作面 7 煤层厚度变化不大	0
			20 m$\leqslant L_b <50$ m	1		
			10 m$\leqslant L_b <20$ m	2		
			$L_b <10$ m	3		
危险等级评价	$W_{t2} = \dfrac{\sum\limits_{i=1}^{n_2} W_i}{\sum\limits_{i=1}^{n_2} W_{i\max}}$		$W_{t2} \leqslant 0.25$	无冲击	$\dfrac{9}{27} \approx 0.33$	弱冲击危险
			$0.25 < W_{t2} \leqslant 0.50$	弱冲击		
			$0.50 < W_{t2} \leqslant 0.75$	中等冲击		
			$W_{t2} > 0.75$	强冲击		

对表 4-5 中的评价取值说明如下:

(1) 保护层的卸压程度:张双楼煤矿 7 煤层上方无煤层开采,不考虑保护层的影响,此项不计入评价取值。

(2) 工作面距上保护层开采遗留的煤柱的水平距离:同(1),此项不计入评价取值。

(3) 工作面与邻近采空区的关系:74103 工作面一侧采空,一侧实体,本项取值 1。

(4) 工作面长度:74103 工作面倾斜长度为 186.7 m,本项取值 1。

(5) 区段煤柱宽度:74103 工作面与 74101 工作面采空区区段煤柱宽度设计为 5 m,实际控制不大于 6 m,本项取值 1。

(6) 留底煤厚度:74103 工作面煤层倾角平均为 22°,煤层厚度为 3.7~5.0 m,预计低帮侧三角底煤厚度局部超过 2 m,本项取值 3。

(7) 向采空区掘进的巷道,停掘位置与采空区的距离:74103 工作面掘进过程中无向采空区掘进的情况,本项取值 0。

(8) 向采空区推进的工作面,停采线与采空区的距离:74103 工作面回采过程中无向采空区掘进的情况,本项取值 0。

(9) 向落差大于 3 m 的断层推进的工作面或巷道,工作面或迎头与断层的距离:材料道一侧断层发育,预计存在 3 条落差大于 3.0 m 的断层,工作面掘进与回采均须穿过断层(带),本项取值 3。

(10) 向煤层倾角剧烈变化($>15°$)的向斜或背斜推进的工作面或巷道,工作面或迎头与之的距离:74103 工作面为单斜构造,无剧烈变化褶曲构造,掘进与回采期间存在倾角剧烈变化,本项取值 0。

（11）向煤层侵蚀、合层或厚度变化部分推进的工作面或巷道,距接近煤层变化部分的距离:74103 工作面 7 煤层厚度为 3.7～5.0 m,平均为 4.2 m,但总体变化不大,无侵蚀、合层或厚度剧烈变化,本项取值 0。

综合以上地质因素与开采技术因素对冲击地压的影响程度及冲击地压危险状态等级评定,可得出综合指数为:

$$W_t = \max(W_{t1}, W_{t2}) = \max(0.62, 0.33) = 0.62$$

综上分析可知,74103 工作面的冲击地压危险指数为 $W_{t1} = 0.62$,故将 74103 工作面冲击地压危险等级评定为中等冲击危险。

应采取的基本对策分为设计、监测、防控和人员防护这几个方面。设计方面:合理选择巷道及硐室布置方案,优化主要巷道及硐室的技术参数、支护方式、掘进速度、采煤工作面超前支护距离及方式等。监测和防控方面:配备微震、应力在线、钻屑法等检测以及大直径钻孔卸压和煤、岩体爆破等,作业前对采煤工作面支承压力影响区、掘进煤层巷道迎头及后方巷帮采取预卸压措施。人员防护方面:设置人员限制区域,确定避灾路线,制订监测和治理方案,作业中进行冲击地压危险性监测、解危和效果检验工作。

4.2　冲击危险区域划分

4.2.1　多因素耦合法

在明确了冲击危险的影响因素后,对这些因素的分布区域进行划分,并利用多因素叠加法对冲击危险影响因素进行叠加,然后对危险区域进行防冲优化设计并及时采取相应的冲击危险防控措施,这就是多因素耦合法。

多因素叠加分析法是指综合分析综合指数法中对应的地质因素和开采技术因素及权重,考虑多因素相互叠加影响,评估不同地段冲击地压危险多因素叠加指数和冲击地压危险程度（按弱、中等、强划分）,并对采掘工作面进行区域划分。多因素叠加法的对应影响因素与分级建议如表 4-6 所列,74103 工作面在考虑表 4-1 所列因素的基础上,根据矿压显现特征进行具体分析。

表 4-6　多因素叠加法分区分级划分表

序号	影响因素	因素说明	区域划分	建议危险等级
1	W_1	落差大于 3 m、小于 10 m 的断层区域	前后 20 m 范围	强
			前后 20 m$<L_d \leqslant$50 m 范围	中等
2	W_2	煤层倾角剧烈变化（大于 15°）的褶曲区域	前后 10 m 范围	中等
3	W_3	煤层侵蚀、合层或厚度变化区域	前后 10 m 范围	强
			前后 10 m$<L_b \leqslant$20 m 范围	中等
4	W_4	顶底板岩性变化区域	前后 50 m 范围	强
			前后 50 m$<L_{st} \leqslant$100 m 范围	弱

表 4-6(续)

序号	影响因素	因素说明	区域划分	建议危险等级
5	W_5	上保护层开采遗留的煤柱下方区域	煤柱下方及距离煤柱水平距离 30 m 范围	强
			距离煤柱水平距离 30 m$<h_z\leqslant$60 m 范围	中等
6	W_6	落差大于 10 m 的断层或断层群区域	距离断层 30 m 范围	强
			距离断层 30 m$<L_d\leqslant$50 m 范围	中等
7	W_7	向采空区推进的工作面	接近采空区 50 m 范围内	强
			接近采空区 50 m$<L_{jc}\leqslant$100 m 范围内	中等
			接近采空区 100 m$<L_{jc}\leqslant$200 m 范围内	弱
8	W_8	"刀把"形等不规则工作面或多个工作面的开切眼及停采线不对齐等区域	拐角煤柱前后 20 m 范围	强
9	W_9	巷道交叉区域	"四角"交叉前后 20 m 范围	强
			"三角"交叉前后 20 m 范围	中等
10	W_{10}	沿空巷道煤柱	区段煤柱宽 6 m$<d<$10 m 时	弱
			区段煤柱宽 10 m$\leqslant d\leqslant$30 m 时	强
			区段煤柱宽 30 m$<d\leqslant$50 m 时	中等
11	W_{11}	工作面超前支承压力区	工作面煤壁超前 0 m$<L\leqslant$50 m 范围	强
			工作面煤壁超前 50 m$<L\leqslant$100 m 范围	中等
			工作面煤壁超前 100 m$<L\leqslant$150 m 范围	弱
12	W_{12}	基本顶初次来压	前后 20 m 范围	中等
13	W_{13}	工作面采空区"见方"区域	单工作面初次"见方"前后 50 m 范围	强
			多工作面初次"见方"前后 50 m 范围	强
			单或多工作面周期"见方"前后 20 m 范围	中等
14	W_{14}	留底煤区域	底煤厚度 0 m$<t_d\leqslant$1 m 时	弱
			底煤厚度 1 m$<t_d\leqslant$2 m 时	中等
			底煤厚度$>$2 m 时	强
15	W_{15}	采掘扰动区域	—	强
说明		1. 经综合指数法评估为无冲击危险的采区、工作面或巷道,不需进行分区分级划分; 2. 经综合指数法评估为具有冲击危险性、本表未描述的其他区域均定为"弱"等级; 3. 多个"强"等级叠加或"强"等级与其他等级叠加时,定为"强"等级; 4. 1个"中等"等级与 1 个或多个"弱"等级叠加时,定为"中等"等级; 5. 2个及以上"中等"等级叠加时,定为"强"等级; 6. 2个及以上"弱"等级叠加时,定为"弱"或"中等"等级		

4.2.2 掘进期间冲击危险区域划分

对于 74103 工作面掘进期间危险区的划分主要在考虑工作面煤层冲击倾向性、煤层埋深、顶板岩层结构等整体性影响因素的基础上,针对工作面巷道布置、断层分布、掘进安排等因素进行分析确定。

74103 工作面掘进期间危险区的划分,将分别从 74103 工作面材料道、74103 工作面刮板输送机道(含联络巷)、74103 工作面开切眼进行分析确定。岩巷掘进段巷道围岩稳定,无冲击性,其冲击危险区域划分主要为煤层巷道,材料道与刮板输送机道起始点均为揭煤点。

(1) 材料道冲击危险区域划分

① 74103 工作面材料道受 74101 工作面采空区侧向支承压力与停采线残余支承压力的影响,同时该区域发生过冲击地压显现,在 74101 工作面掘进与回采期间经过对 CT 反演与矿震震源分布分析可以看出,该区域应力高于其他区域,同时,受顶板砂岩段的影响,冲击危险性高。74103 工作面材料道借用 74101 工作面刮板输送机道一部分,因此,以 74104 工作面材料道起始点作为起点,考虑砂岩段影响范围,向里(开切眼方向)237 m 范围为强冲击危险区。

② 材料道中部(距离材料道起始点 517 m)有一断层发育段,该区域断层较为发育,根据 74101 工作面掘进与回采期间过断层带地压显现特征,断层带区域冲击危险性较高,该区域为强冲击危险区,范围为 230 m。

③ 从开切眼至前方 332 m 范围内,为实体煤掘进,该区域不受采动支承压力影响,区域内构造简单,无断层,该区域为弱冲击危险区。

④ 其他区域受采空区侧向支承压力、74101 工作面开切眼后方支承压力及断层影响,该区域为中等冲击危险区,范围为 678 m。

冲击危险区域划分见表 4-7 和图 4-1,表 4-7 中以 74103 工作面材料道的起点为原点。

表 4-7 74103 工作面材料道掘进冲击危险区划分

序号	与原点距离/m	范围/m	危险等级	影响因素
1	0	237	强冲击危险	侧向支承压力、顶板岩性变化、冲击历史
2	237	280	中等冲击危险	采空区侧向支承压力
3	517	230	强冲击危险	侧向支承压力、断层
4	747	678	中等冲击危险	侧向支承压力、断层
5	1 425	332	弱冲击危险	实体煤掘进

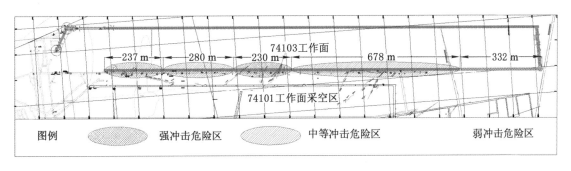

图 4-1 74103 工作面材料道掘进冲击危险区域划分

(2) 刮板输送机道冲击危险区域划分

74103 工作面刮板输送机道为实体煤巷道掘进,冲击地压影响因素少,断层构造不发育,整体冲击危险性低于材料道。

① 刮板输送机道开口阶段,揭煤后,受顶板岩性变化区的影响,冲击危险性高于其他区

域,该区域为中等冲击危险区,共计 213 m。

② F_9 断层前后 30 m,共计 60 m 范围,受断层构造的影响,为中等冲击危险区。

③ 其他区域为实体煤掘进,地质构造简单,为弱冲击危险区。

冲击危险区域划分见表 4-8 和图 4-2,表 4-8 中以揭煤点为原点。

表 4-8　74103 工作面刮板输送机道掘进冲击危险区划分

序号	与原点(揭煤点)的距离/m	范围/m	危险等级	影响因素
1	0	213	中等冲击危险	顶板岩性变化
2	213	1 120	弱冲击危险	实体煤掘进
3	1 333	60	中等冲击危险	F_9 断层
4	1 393	362	弱冲击危险	实体煤掘进

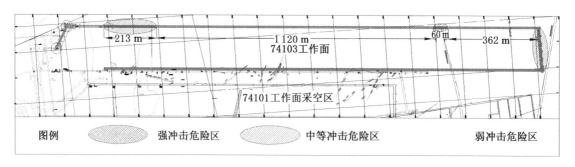

图 4-2　74103 工作面刮板输送机道掘进冲击危险区域划分

（3）开切眼冲击危险区域划分

74103 工作面开切眼受 F_{10} 断层的影响,材料道一侧距离 F_{10} 断层较近,小于 30 m,刮板输送机道一侧距离断层约为 56 m,开切眼整体在断层影响范围内,因此,将开切眼整体确定为中等冲击危险,区域划分图省略。

（4）掘进期间危险区域划分

综合上述分析,将 74103 工作面在掘进期间按照不同的区域进行危险区分类,见表 4-9 和图 4-3;巷道优化布置后 74103 工作面掘进期间冲击危险区参数见表 4-10 和图 4-4。其中材料道以起点为原点,刮板输送机道以揭煤点为原点。

表 4-9　74103 工作面掘进期间冲击危险区具体位置参数表

掘进巷道	弱冲击危险区位置	中等冲击危险区位置	强冲击危险区位置
材料道	距原点 1 425 m,共计 332 m 范围	距离揭煤点 910 m,共计 678 m 范围	从起始点向东 237 m 范围;距离揭煤点 517 m,共计 230 m 范围
刮板输送机道	距离揭煤点 213 m,共计 1 102 m 范围;距离揭煤点 1 375 m,共计 362 m 范围	从揭煤点向东 213 m 范围;距离揭煤点 1 315 m,共计 60 m 范围	
开切眼		全部范围	

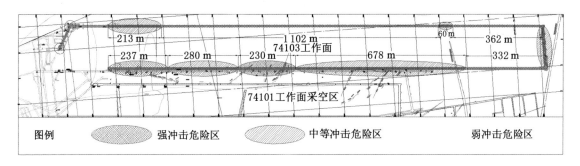

图 4-3 74103 工作面掘进期间冲击危险区域划分

表 4-10 巷道优化布置后 74103 工作面掘进期间冲击危险区具体位置参数表

掘进巷道	弱冲击危险区位置	中等冲击危险区位置	强冲击危险区位置
材料道	94103 工作面材料道进入 74101 工作面采空区 30 m 后,共计 148 m 范围,处于采空区卸压;距离揭煤点 1 210 m,共计 331 m 范围(开切眼前方 331 m 范围),实体煤掘进	从 94103 工作面材料道揭煤点进入 74101 工作面采空区 30 m,共计 130 m 范围,受停采线影响,但煤层较薄,半煤岩巷;距离揭煤点 532 m,共计 678 m 范围,受侧向支承压力与断层影响	距离揭煤点 681 m,共计 230 m 范围,受侧向支承压力与断层影响
刮板输送机道	94103 工作面刮板输送机道 198 m	从 9 煤层联络巷揭煤点开始共计 197 m 范围(外段 197 m);距揭煤点 1 302 m,共计 60 m	
开切眼		全部范围	

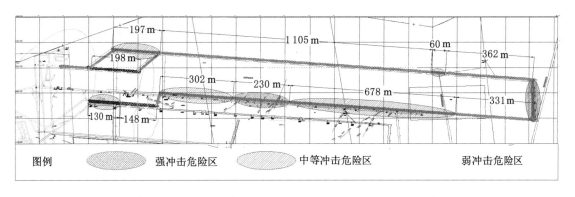

图 4-4 74103 工作面优化布置后掘进冲击危险区域划分

4.2.3 回采期间冲击危险区域划分

(1)回采期间冲击危险区域总体分析

通过对影响 74103 工作面冲击地压发生的地质因素(采深、顶板岩层结构特征、顶板岩性变化、煤层冲击倾向性、褶曲、断层构造等)、开采技术因素(侧向采空区、区段煤柱等)及综合指数法的分析,74103 工作面冲击危险指数为 0.62,工作面冲击地压危险状态等级评定为中等冲击危险性。该工作面在整个开采过程中都可能会受到冲击地压的威胁,回采前和回采过程中应对重点区域采取适当的冲击地压监测和防控措施。根据理论分析、数值模拟结果、现场实践及多因素叠加法,按冲击地压危险程度,工作面冲击地压危险区域分为三个等级,依次为弱、中等、强,现对冲击地压危险区域进行分析。

（2）工作面覆岩运动的影响

① 基本顶的初次破断阶段

74103 工作面 7 煤层上覆无坚硬厚层砂岩顶板,根据 74101 工作面矿压监测结果,工作面初次来压与周期来压时,均无大面积悬顶的出现,顶板来压动压系数小,对冲击危险影响不大。

② 工作面"见方"阶段

74103 工作面回采到距开切眼的距离等于工作面长度时,就到了工作面"见方"阶段。74103 工作面长度约为 186 m,当工作面推进至 186 m 左右时处于"见方"区域。在工作面"见方"阶段,采空区顶板岩层受力发生变化,高层位岩层运动,覆岩运动高度达到最大值,支承压力升高,煤岩体中震动能量与频次响应上升,易发生大能量震动,从而诱发地压与冲击显现,主要影响范围为前后约 50 m 范围。

74103 工作面一侧为 74101 工作面采空区,74103 工作面开切眼外错 74101 工作面开切眼布置,外错距离约为 560 m,该范围内 74103 工作面初采时两侧均为实体煤,因此,上覆岩层运动不充分,回采至与 74101 工作面采空区齐平后,继续向前推进,存在二次"见方"现象。因此,当 74103 工作面推进至 900 m 时,双工作面"见方",主要影响范围为前后 50 m 范围。

初次"见方"期间,74103 工作面两巷均为实体煤巷道,评价为中等冲击危险区;二次"见方"位置,材料道一侧与断层影响区域重合,合并评价为强冲击危险区;刮板输送机道一侧为实体煤,评价为中等冲击危险区。

（3）掘进与回采冲击危险区的相关性

74103 工作面巷道掘进期间被划分为强冲击危险区域,在回采期间,该区域冲击危险性同样很高。根据 74101 工作面的掘进经验,可以判断停采线以外的区域在回采期间为强冲击危险区域。

（4）回采过程冲击危险区划分

根据以上对冲击地压危险性的多因素评价,对危险区域位置、危险程度进行叠加。通过对单个因素影响范围的叠加,并结合每类因素所造成的危险程度的不同,将这些危险区域划分为三类,见表 4-11、表 4-12 和图 4-5、图 4-6。其中起始点为开切眼中线。

表 4-11 74103 工作面回采期间冲击地压危险区划分及影响因素

巷道	与开切眼（中线）的距离/m	范围/m	危险等级	影响因素
材料道一侧	0	137	弱冲击危险	实体煤开采
	137	100	中等冲击危险	初次"见方"
	237	87	弱冲击危险	实体煤开采
	324	526	中等冲击危险	断层、侧向支承压力
	850	382	强冲击危险	断层带、二次"见方"
	1 232	280	中等冲击危险	侧向支承压力
	1 512	237	强冲击危险	侧向支承压力、顶板岩性变化、上区段工作面冲击历史

表 4-11（续）

巷道	与开切眼（中线）的距离/m	范围/m	危险等级	影响因素
刮板输送机道一侧	0	137	弱冲击危险	实体煤开采
	137	100	中等冲击危险	初次"见方"
	237	105	弱冲击危险	实体煤开采
	342	100	中等冲击危险	断层
	442	408	弱冲击危险	实体煤开采
	850	100	中等冲击危险	二次"见方"
	950	574	弱冲击危险	实体煤开采
	1 524	213	中等冲击危险	顶板岩性变化、相邻工作面相似条件冲击历史

表 4-12　巷道优化布置后 74103 工作面回采期间冲击危险区划分及影响因素

巷道	与开切眼（中线）的距离/m	范围/m	危险等级	影响因素
材料道一侧	0	137	弱冲击危险	实体煤开采
	137	100	中等冲击危险	初次"见方"
	237	87	弱冲击危险	实体煤开采
	324	526	中等冲击危险	断层、侧向支承压力
	850	382	强冲击危险	断层带、二次"见方"
	1 232	331	中等冲击危险	侧向支承压力
	1 563	279	弱冲击危险	超前支承压力
刮板输送机道一侧	0	137	弱冲击危险	实体煤开采
	137	100	中等冲击危险	初次"见方"
	237	105	弱冲击危险	实体煤开采
	342	100	中等冲击危险	断层
	442	408	弱冲击危险	实体煤开采
	850	100	中等冲击危险	二次"见方"
	950	487	弱冲击危险	实体煤开采
	1 437	300	中等冲击危险	顶板岩性变化、冲击历史
94103 工作面刮板输送机道		198	中等冲击危险	采动支承压力、顶板岩性变化

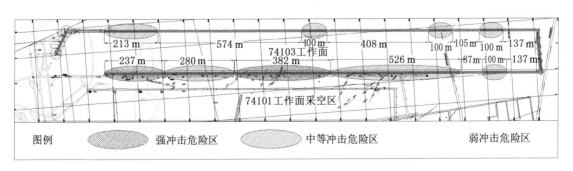

图 4-5　74103 工作面回采期间冲击危险区域划分

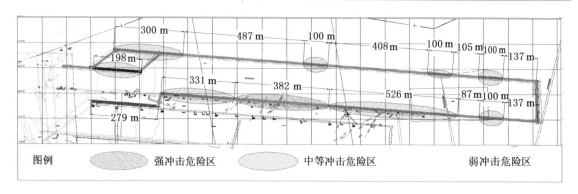

图 4-6 74103 工作面优化布置后回采冲击危险区域划分

4.3 防冲设计

4.3.1 冲击地压煤层的设计原则

在对有冲击地压危险性的煤层进行开采设计时,如何设计及布置工作面对于冲击地压的防控来说是一个非常重要的问题。限制冲击地压危险性增加的最基本的原则是少掘巷道,而且主要的巷道尽量布置在岩石之中,其次才是考虑成本的问题。

实践表明,合理的开拓布置和开采方式对于避免应力集中和叠加,防治冲击地压关系极大。大量实例证明,多数冲击地压是由于开采技术不合理而造成的。不正确的开拓布置和开采方式一经形成就难以改变,临到煤层开采时,只能采取局部措施,而且耗费很大,效果有限。故合理的开拓布置和开采方式是防控冲击地压的根本性措施。

4.3.2 工作面长度

研究表明,采煤工作面和采空区的大小对冲击地压的影响是非常大的。对于一个新采区的第一个工作面来说,由于两边都是实体煤,开始时顶板处于四周固支状态。当顶板初次断裂后形成三边固支状态,这种状态下,工作面的压力是最小的,冲击地压危险性也是最小的。

对于同一采区的第二、第三个工作面,当采空区的宽度之和还没有完全影响到地表时,根据岩层移动理论,采空区的宽度之和 B 一般小于开采深度 H 的 0.4 倍,即 $B<0.4H$,此时,工作面周围岩体内的应力逐步增加。

当采空区的宽度之和达到了完全影响地表的程度时,即 $B=0.4H$,此时,由于上覆岩层的充分移动,在煤系地层中,震动释放的能量是最大的,即冲击地压的危险性是最大的。

当采煤工作面继续开采,采空区继续增加时,即 $B>0.4H$,在这种情况下,由于上覆岩层的移动处于平衡状态,煤层中释放的震动能量将处于某一水平。

在孤岛煤柱的情况下,由于三边均为采空区,因此开采时其释放的震动能量是很大的。从上述分析可知,工作面长度对冲击地压危险程度的影响主要是在采空区宽度之和 $B>0.4H$ 的条件下,此时,采煤工作面的一边为采空区,另一边为实体煤。从工作面边缘到采空区形成一个直角,在这部分煤体上,因工作面前方移动应力集中区和采空区边缘煤体上的应力集中相互叠加,故形成了很高的应力集中现象,而且在工作面推进过程中,这种现象一直存在。

由上述分析可知,对于不同的工作面,在不同开采时间和不同位置,其对冲击地压危险性的影响是不一样的。因此,对于某一工作面,要具体分析和具体考虑。

4.3.3   推进速度

图 4-7(a)～(c)分别为不同推进速度下,震动平均能量、最大能量和震动频次的变化曲线;图 4-7(d)为震动能量随计算时步的变化曲线,计算时步为无量纲单位,其含义是计算的循环次数。由图 4-7 可知,随着推进速度的增加,震动释放能量的平均值、最大能量值以及频次均呈上升趋势,推进速度对冲击地压的形成具有重要影响。不同矿井的推进速度设定值不同,推进速度主要是根据不同采掘速度下微震监测系统监测到矿震的变化特征而确定,下面以张双楼煤矿回采期间推进速度的确定为例来具体说明。

张双楼煤矿工作面初采期间将推进速度设置较低,为不超过 3 m/d,并保持匀速推进。回采过程中,根据微震监测系统监测到的震动能量,对推进速度进行优化调整。初期推进过程中,若监测到的微震能量均小于 10^4 J,可适当增加推进速度;当监测到震动能量位于 $10^4 \sim 10^5$ 之间的信号时,认为处于中等冲击危险状态,推进速度不超过 4 m/d;当监测到震动能量高于 10^5 J 的信号时,认为处于强冲击危险状态,推进速度不超过 3 m/d。

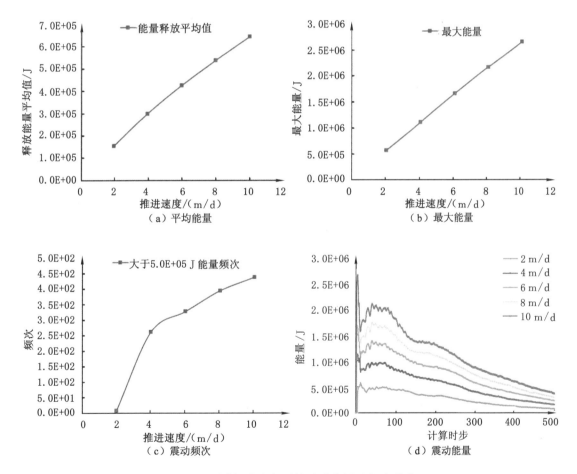

图 4-7   不同掘进速度下的震动能量及频次曲线

4.3.4   区段煤柱

根据《防治煤矿冲击地压细则》第五十九条规定:冲击地压矿井进行采掘部署时,应当将巷道布置在低应力区,优先选择无煤柱护巷或小煤柱护巷,降低巷道的冲击危险性。

一般来说,煤柱尺寸的宽高比(W/H)在 5～10 之间时,对预防煤柱型冲击地压是不利的,如图 4-8 所示。一方面,如果临界煤柱尺寸太大,存在不稳定的弹性核,就会导致煤柱不能平稳地进入屈服状态,或在顶底板永久破坏前屈服;另一方面,如果煤柱的尺寸太小,则不能完全承受其上的支承载荷。因此,良好的煤柱设计不仅要能保证巷道内支护质量和人员设备安全,在具有冲击地压危险性的矿井,还要能降低冲击地压的危险性。

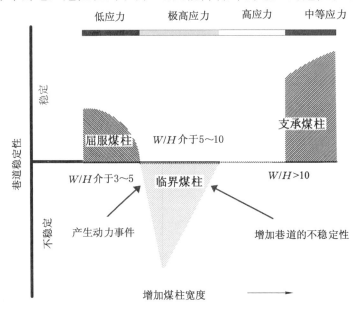

图 4-8　煤柱宽高比(W/H)与承载特性关系

从图 4-8 可以看出,屈服煤柱和支承煤柱都能够有效地保证巷道的稳定性,支承煤柱的弹性核区较宽,能够支承住所施加的载荷,煤柱不易发生突然失稳破坏,同样屈服煤柱在现场的应用表明该技术也能够有效减少冲击地压次数,降低巷道内的底鼓严重程度,相比支承煤柱可节省大量的煤炭。屈服煤柱方法容许巷道和煤柱在侧向支承压力的作用下产生一定的变形,从而把大量的载荷转移到周围的实体煤中,降低自身的应力集中程度,防止大量弹性能积聚后突然释放造成煤柱型冲击地压的发生。

(1) 采区上下山保护煤柱宽度的选择

已开采采区工作面停采线位置和生产经验表明,留设的采区上下山保护煤柱宽度为 100～150 m,满足目前生产要求,较为合理。但后期随着采区上下山布置的岩层层位的改变、开采深度不断延深以及煤层厚度的变化,需重新计算和留设上下山保护煤柱宽度。

(2) 工作面区段煤柱宽度的选择

从防冲的角度来讲,区段煤柱越窄对防冲越有利,因为窄煤柱中的煤体几乎会全部被"压酥",其内部不存在弹性核,也就不会存储大量的弹性能,所以发生冲击地压的危险性就较小。但区段煤柱的宽度也不能随意留设,宽度太小,煤柱受两侧顶板拉应力的作用易破碎坍塌,起不到保护巷道的作用,而且随着煤柱宽度的增加,引起巷道附近煤体中的应力集中程度也增加,数值模拟及生产经验表明:护巷煤柱留设 4～6 m 时对冲击地压的防治比较有利。

4.3.5　停采和开切眼

当接近邻近层停采线时,巷道应布置成与其垂直,或将巷道布置在停采线影响范围之外。

根据《防治煤矿冲击地压细则》第六十一条规定:冲击地压矿井进行采区设计时,应当避免开切眼和停采线外错布置形成应力集中,否则应当制定防冲专项措施。

停采线及开切眼是否对齐或者当前采煤工作面停采线外错紧邻工作面是影响停采线附近区域冲击危险程度的重要因素。当停采线和开切眼参差不齐或者外错相邻工作面布置时,停采线附近应力集中程度很高,直接导致冲击危险程度升高。

4.3.6　联络巷

研究和实践均证明,当采煤工作面接近联络巷时,冲击地压危险性将会大幅度上升。当工作面接近与之平行或几乎平行的联络巷时,其间煤柱上的应力将会叠加,产生较大的应力集中现象,这不仅使联络巷的冲击危险性急剧升高,而且也使推进工作面的冲击危险性大幅度上升,因此,在煤层开采设计时,要尽量避免形成这种局面。如果必须在工作面通过的区域掘进联络巷时,也应该使巷道与工作面之间的夹角大于 $15°$。

4.3.7　合理的开采顺序

根据《防治煤矿冲击地压细则》第三十一条和第六十条相关内容规定要求,采区内工作面开采过程中应该尽量避免跳采而形成孤岛工作面,采用顺序开采可以有效地缓解应力集中现象。

因为煤柱承受的压力很高,特别是岛形或半岛形煤柱要承受多个方面的叠加应力,因此最易产生冲击地压;上层遗留的煤柱还会向下传递集中应力,达到相当大的深度,导致下部煤层开采时也易发生冲击地压。徐州矿区属于老矿区,由于前期的不合理开采布局,均出现过顶煤遗留煤柱和本煤层遗留煤柱诱发冲击的案例。

4.3.8　采掘扰动

当采煤工作面和掘进工作面相对采掘时,会产生采掘的相互扰动问题,冲击地压危险性显著增加。《防治煤矿冲击地压细则》也对采掘扰动问题提出了明确的防控意见:开采冲击地压煤层时,在应力集中区内不得布置 2 个工作面同时进行采掘作业。2 个掘进工作面之间的距离小于 150 m 时,采煤工作面与掘进工作面之间的距离小于 350 m 时,2 个采煤工作面之间的距离小于 500 m 时,必须停止其中一个工作面,确保 2 个采煤工作面之间、采煤工作面与掘进工作面之间、2 个掘进工作面之间留有足够的间距,以避免应力叠加导致冲击地压的发生。相邻矿井、相邻采区之间应当避免开采相互影响。

4.3.9　地质构造区

在向斜和背斜构造区,应从轴部开始回采;在构造盆地应从盆底开始回采;在有断层和采空区的条件下应从断层或采空区开始回采。

有冲击危险性的煤层的开拓或准备巷道、永久硐室、主要上(下)山、主要溜煤巷和回风巷应布置在底板岩层或无冲击危险性煤层中,以利于维护和减小冲击危险性。

回采巷道应尽可能避开支承压力峰值范围,采用宽巷掘进,少用或不用双巷或多巷同时平行掘进。工作面开切眼应避开高应力集中区,选在采空区附近的压力降低区为好。

4.3.10　采煤方法

回采线尽量为直线且有规律地推进。不同的采煤方法,矿山压力的大小及分布也不同。

房柱式等柱式采煤法由于掘进的巷道多且在采空区遗留的煤柱多,顶板不能及时充分地垮落,因此造成支承压力较高。在工作面前方掘进巷道势必受到叠加压力的影响,增加了危险性。水力采煤法虽然系统简单、高效,但遗留的煤垛在采空区形成支承,顶板不能及时、规则地垮落,又要经常在支承压力带开掘水道和枪眼,加之推进速度快,开采强度大,易造成大面积悬顶,导致发生冲击地压。采用长壁式开采方法,则有利于减小冲击地压的危害。

4.3.11 支护方法

统计表明,采煤工作面采用全部垮落法开采时造成的冲击地压较少,即使发生冲击地压,其强度相较于其他类型冲击也较弱。对于坚硬顶板引发的冲击地压,采用注水、爆破等方法使顶板弱化或垮落,能减小冲击地压的危害。当冲击地压发生时,冲击震动极易推倒或折断支架,造成片帮和冒顶伤人,而采用整体性和稳定性较高的支架能够有效避免此类问题的发生。

4.3.12 开采保护层

开采保护层是冲击地压有效的和带有根本性的区域性防控措施。一个煤层(或分层)先采,能使邻近煤层得到一定时间的卸载,这种卸载开采称为开采保护层。先采的保护层必须根据煤层赋存条件选择无冲击倾向或弱冲击倾向的煤层。实施时必须保证开采的时间和空间有效性。不得在采空区内留设煤柱,以使每一个先采煤层的卸载作用能依次地使后采煤层得到最大限度的"解放"。保护层开采后,采空区垮落的矸石或充填料,随着时间的延长逐渐被压实,同时采空区和围岩应力相应地逐渐增加,趋于原岩应力水平,所以保护层的作用是有时效性的,卸压作用和效果随时间的延长而减小。因此,开采保护层的间隔时间不能太久,一般卸压有效期限为:用全部垮落法时为 3 a,用全部充填法时为 2 a。对于下部煤层,由于受到保护层开采时的前、后支承压力产生的加载和卸载交替作用,在很大程度上改变了下部煤层的结构和层间岩石的性质,特别是改变了它们的裂隙度和透气性,以及释放了潜在的弹性能,消除或减小了冲击地压的危害。

5　张双楼煤矿冲击地压监测技术

5.1　区域监测技术

5.1.1　微震法

微震法就是通过记录采矿震动的能量,确定和分析震动的方向,对震中定位来评价和预测矿山动力现象的方法。具体来说,就是记录震动的地震图,确定已发生的震动参数,例如震动发生的时间、震中的坐标、震动释放的能量,特别是震中的大小、地震力矩、震动发生的机理、震中的压力降等,以此为基础进行震动危险性的预测预报,如预报震动能量大于给定值的平均周期,在时间 T 内震动能量小于或等于给定值的概率,该区域内震动的危险性及其他参数。

微震监测系统的主要功能是对全矿范围进行微震监测,是一种区域性监测方法,其能自动记录微震活动,实时进行震源定位和微震能量计算,为评价全矿范围内的冲击地压危险性提供依据。监测矿震活动带的活动规律,对冲击地压的预警有很重要的意义。在具体监测过程中应对以下内容进行分析:

(1)进行震源定位,划定微震活动带

强度较大的冲击地压无不与坚硬顶板的剧烈活动有关。此外,大的构造断裂带活动,也会造成强大的冲击地压与矿震。因此,判断顶板(以至全部上覆岩层)的活动、构造断裂带的活动区域,是预测冲击危险性趋势的重要内容。进行微震监测工作前,必须首先测定微震震源位置、震级,再根据震源分布特点及相应的地质构造形迹分析所得出的地质构造带,划出微震活动带。

(2)微震活动在空间分布上的迁移性

微震随着时间而有顺序地沿某一开采活动或构造断裂带活动,或交替进行,称为震中迁移。震中迁移是由顶板活动、断层活动的连续性决定的。一部分地区顶板或断层带释放能量以后,其他地区的顶板或断层带应力场在调整过程中发生冲击震动。在分析工作中可以根据迁移规律来推测未来大的微震出现的地点。较大微震发生前,小的微震活动的空间分布从零乱变为有规律的分布,是较普遍的规律。由于各地区的地质构造条件、生产开采条件和微震能量累积状况不同,小的微震的分布形式必然有所不同。

(3)强大微震活动地区的重复性和填空性

微震事件活动具有地区重复性。据研究,强度越大的微震,在原地重复的现象似乎越少。所谓填空性即大事件发生在小事件空白边缘区,微震强度越大,则空白空间范围越大且形成空白的时间越长,这种现象可以从能量释放的时空均匀性得到解释。

(4)微震小事件震中分布面积的变化与大事件震级和位置的关系

显然,微震小事件的活动反映了大的断裂活动前的微破裂过程,小微震活动面积的变化,反映了岩层内部应力的变化,因此,可以以此推断较大微震活动的发展过程。但矿山微震活动又与开采活动地点密切相关,所以小的微震活动范围必然受开采活动分布和进展情况的牵制。因此,必须结合实际情况分析微震活动、冲击地压与开采活动的关系。

(5)微震序列

微震活动的序列现象已被现场观察与记录所证实,例如在大煤炮发生前往往会发生一系列由小变大的煤炮,在大的冲击地压发生后,又有一系列较小的剩余能量释放过程。可以把微震序列分为主震、震群、孤立震等类型,并研究了作用力源、岩层物理力学性质、地质构造条件与序列的关系。

由于冲击地压的复杂性,上述研究内容与方法在实际工作中还应结合现场情况,积极总结规律。在系统运行以后,只有通过对一段时间的数据进行总结分析,才能实现采用统计方法进行冲击地压监测预警的目标。

通过大量的监测实践,根据微震活动的变化、震源方位和活动趋势可以评价冲击地压的危险性,对冲击地压灾害进行预警。

① 无冲击危险性的微震活动趋势

该微震活动的趋势为微震活动一直比较平静,持续保持在较低的能量水平(小于 10^4 J),处于能量稳定释放状态(图 5-1)。

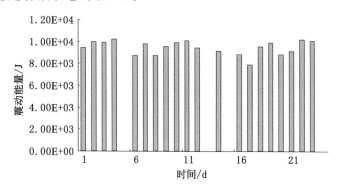

图 5-1 稳定状态的微震活动

② 有冲击危险性的微震活动趋势

a. 微震活动的频度和能级急剧增加,持续 2～3 d 后,会出现大的震动(图 5-2)。

b. 微震活动持续保持在一定能级(小于 10^4 J),突然出现平衡期,持续 2～3 d 后,出现大的震动和冲击(图 5-3)。

③ 冲击地压危险性的预警

a. 强地压显现发生前,矿震次数和矿震能量迅速增加,维持在较高水平,直到发生大的强地压显现后,矿震次数和矿震能量才明显降低。

b. 微震信号的频次首先呈现逐渐增加的趋势,然后开始急剧下降,当微震信号频次再次增加时,表明强地压显现即将来临。

c. 震动能量小于 1.0×10^4 J 的区域为无冲击危险性区;震动能量大于 1.0×10^4 J 而小

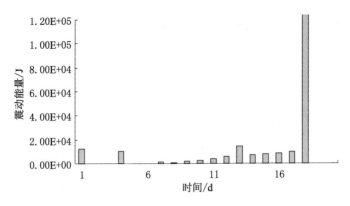

图 5-2　指数增长型微震活动

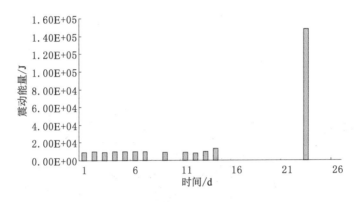

图 5-3　频繁-平静型微震活动

于 1.0×10^5 J 的区域,存在冲击地压灾害发生的危险性,为弱冲击危险性区域,而且震动能量越大,冲击地压灾害发生的危险性就越大。

d. 微震活动与采掘活动有密切关系,当出现较大的微震活动时,都应从时间序列来分析其与采掘的关系,逐次远离采掘线时危险性较小,逐次向采掘线靠近时,应加强防范,并配合地音法和钻屑法等监测手段,防止出现事故。

5.1.2　震动波 CT 反演监测

研究表明,震动波波速随应力的增加而增加,应力与波速之间应具有幂函数关系。震动波 CT 成像就是通过反演来获得研究区域内波速的大小,从而反映出应力的分布情况。震动波 CT 反演的方案如图 5-4 所示,通过台站和震源点形成反演射线网络进行反演计算。工作面开采后,在其前后方形成了应力集中区和应力降低区,如图 5-5 所示。根据震动波波速与应力之间的关系可知,裂缝带区域对应一个低波速区,而在应力集中区域则对应一个高波速区,在这两个区域之间是从高波速向低波速过渡的一个区域,即波速变化梯度较大的区域。研究表明,强矿震不仅发生在高波速区域,也发生在波速梯度变化明显的区域,所以梯度变化较大的区域也是发生冲击地压危险性的区域。由冲击地压理论可知,工作面回采后在底板也形成类似的应力分布特征,并与煤层上方顶板岩层具有近似对称性。

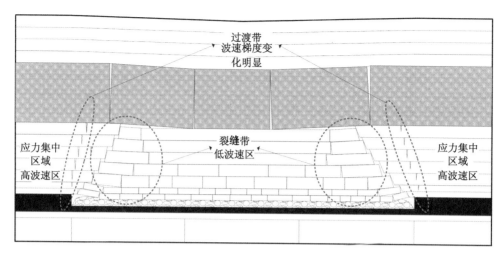

图 5-4　工作面开采后覆岩结构与波速分布示意图

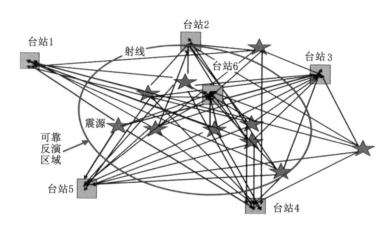

图 5-5　震动波 CT 反演的方案设计

冲击地压预警主要是确定煤层中的应力状态和应力集中程度。由试验研究可知,应力高且集中程度大的区域,相对其他区域将出现纵波波速的正异常,其异常值由下式计算:

$$A_{\mathrm{n}} = \frac{V_{\mathrm{p}} - V_{\mathrm{p}}^{\mathrm{a}}}{V_{\mathrm{p}}^{\mathrm{a}}}$$
（5-1）

式中　V_{p}——反演区域某一点的纵波波速值;

　　　　$V_{\mathrm{p}}^{\mathrm{a}}$——模型波速的平均值。

对于波速的梯度变化,可采用波速梯度 VG 值来表示,它描述了相邻节点间波速的变化程度,对波速梯度 VG 值的异常变化,可采用类似的公式进行描述,即

$$A_{\mathrm{n}} = \frac{VG - VG^{\mathrm{a}}}{VG^{\mathrm{a}}}$$
（5-2）

式中　VG^{a}——波速梯度 VG 的平均值。

由波速梯度 VG 异常值计算得到的波速梯度变化异常值 A_{n} 对应的冲击危险性判别指标见表 5-1。

表 5-1 *VG* 异常变化与冲击危险性之间的关系

冲击危险性指标	异常对应的危险性特征	*VG* 异常/%
A	无	<5
B	弱	5~15
C	中等	15~25
D	强	>25

5.2 局部监测技术

对于防冲重点区域或在工作面两道施工钻孔时,应布置钻孔应力计,建立应力在线监测系统,即局部监测以应力在线监测为主。钻孔应力计用于对煤矿井下开采超前应力或煤柱承载力的监测,其采用一体化应变传感器,内置变送器,信号可远距离测量,进行定点区域性的监测,具有体积小、易于技术实施与操作方便的特点,可用作对煤岩动力进行连续监测记录。待系统安装完成后,先由井下安装在工作面煤壁中的应力计采集到附近煤岩体应力的变化,并通过压力变送器将其转化为电信号,通过电缆传送到井下监测主机,然后井下监测主机将数据转化、采集、传输至地面主机进行分析处理。其特点是可选择测力方向、结构简单、性能可靠、灵敏度和精度高、安装使用方便等,通过数显仪表进行人工检测,可直接读出应力值。

煤矿冲击地压无线监测系统的主要结构分为井上、井下两部分,其中井上部分包括监测主机及客户端 PC(数据处理机),井下部分包括矿用隔爆兼本安型数据采集分站、矿用隔爆型直流稳压电源、矿用本安型中继器、矿用本安型无线数据采集器、矿用本安型压力变送器、矿用本安型锚杆(索)应力传感器、矿用本安型无线压力监测仪等,如图 5-6 所示。

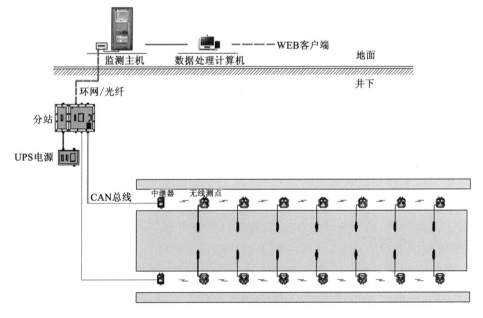

图 5-6 煤矿冲击地压无线监测系统结构图

应力在线监测系统布置方案较为简单,以张双楼煤矿应力在线布置方案为例进行分析,张双楼煤矿在中等及以上冲击危险区安装了应力在线监测系统,钻孔应力计在巷道实体煤一侧布置。当揭煤掘进 10 m 以上时,可以布置第一组应力计,靠实体煤帮一侧。随着掘进迎头向前,每间隔 25～30 m,布置下一组,监测范围为迎头后方 100 m。张双楼煤矿安装的 KJ743 应力在线监测系统,每组各由 1 个深度为 8 m、12 m 的传感器组成,组与组之间的间距一般为 15～30 m,掘进期间采动应力在线监测布置示意如图 5-7 所示。

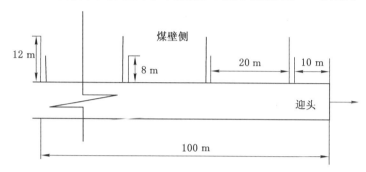

图 5-7　74103 工作面巷道掘进中等及以上冲击危险区应力在线监测布置示意图

张双楼煤矿应力监测预警临界指标设置为:8 m 应力预警指标为 11 MPa,8 m 应力临界指标为 13 MPa;14 m 应力预警指标为 14 MPa,14 m 应力临界指标为 16 MPa,并根据现场应力变化趋势来分析判断冲击地压危险性;同时应力每增加 3 MPa 必须采取相应的卸压解危措施。

5.3　点监测技术

5.3.1　电磁辐射法

岩石破裂电磁辐射的观测和研究是从地震工作者发现震前电磁异常后开始的。苏联和我国是在这方面开展研究较早的国家,日本和美国等国家也开展了这方面的研究工作。在近 25～30 a 内岩石破裂电磁辐射效应的研究,无论是在理论研究方面,还是在应用研究方面,都取得了飞速发展,特别是在地震预报方面。

从 20 世纪 90 年代开始,中国矿业大学对载荷作用下煤体的电磁辐射特性及规律进行了较为深入的定性和定量研究。研究表明,煤岩电磁辐射是在煤岩体受载变形破裂过程中向外辐射电磁能量的一种现象,与煤岩体的变形破裂过程密切相关。

电磁辐射可用来预测煤岩灾害动力现象,其主要参数是电磁辐射强度和脉冲数。电磁辐射强度主要反映了煤岩体的受载程度及变形破裂强度,脉冲数主要反映了煤岩体变形及微破裂的频次。此外,电磁辐射还可用于检测煤岩动力灾害防治措施的效果,评价边坡稳定性,确定采掘面周围的应力应变,评价混凝土结构的稳定性等。

巷道电磁辐射监测布置示意图如图 5-8 所示。当掘进或回采空间形成后,工作面煤体失去了应力平衡,处于不稳定状态,煤壁中的煤体必然要发生变形或破裂,以向新的应力平衡状态过渡,这种过程会引起电磁辐射。由松弛区域到应力集中区,应力越来越高,电磁辐射信号也越来越强。在应力集中区,应力达到最大值时,煤体的变形破裂过程最强烈,电磁辐射信号也最强。进入原始应力区,电磁辐射强度将有所下降,且趋于平衡。采用非接触方式接收的信号主要是松弛区和应力集中区中产生的电磁辐射信号的总体反映(叠加场)。

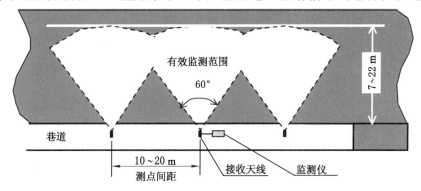

图 5-8　回采或巷道电磁辐射监测方式

电磁辐射和煤的应力状态有关,应力高时电磁辐射信号就强,电磁辐射频率就高,应力越高,则冲击危险性越大。电磁辐射强度和脉冲数两个参数综合反映了煤体前方应力的集中程度的大小,因此可用电磁辐射法进行冲击地压的预测预报。

根据实验室研究及现场研究的测定、理论分析,煤岩冲击、变形破坏的变形值 $\varepsilon(t)$、释放的能量 $w(t)$ 与电磁辐射的幅值、脉冲数成正比。具体地讲,煤试样在发生冲击性破坏以前,电磁辐射强度一般在某个值以下,而在发生冲击破坏时,电磁辐射强度突然增加,煤岩体电磁辐射的脉冲数随着载荷的增大及变形破裂程度的增强而增大。载荷越大,加载速率越大,煤体的变形破裂越强烈,电磁辐射信号也越强。冲击地压发生前的一段时间,电磁辐射呈现连续增长或先增长后下降,之后又增长的趋势,这反映了煤岩破坏发生、发展的过程。煤岩体的损伤速度与电磁辐射脉冲数、电磁辐射事件数成正比,与瞬间释放的能量、变形速度成正比。

因此,可采用电磁辐射的临界值法和偏差方法对冲击地压进行预测预报。

（1）临界值法

临界值法是在没有冲击地压危险性、压力比较小的地方观测 10 个班的电磁辐射幅值最大值、幅值平均值 $E_{平均}$ 和脉冲数数据,取其平均值的 k 倍(一般 $k=1.5$)作为临界值的方法。观测结果见图 5-9。其预测公式为:

$$E_{临界} = kE_{平均} \tag{5-3}$$

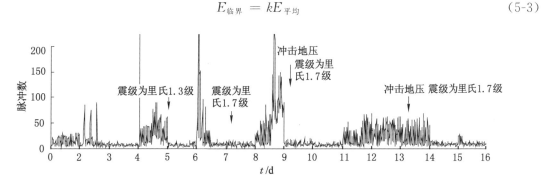

图 5-9　冲击地压前后电磁辐射值的变化规律

（2）偏差方法

电磁辐射监测预报的偏差法就是通过分析电磁辐射的变化规律,分析当班的数据与平均值的差值,根据差值和前一班数据的大小,对冲击地压危险性进行预测预报的方法。实践表明,在冲击、矿山震动发生前,电磁辐射的偏差值均发生较大的变化,如图5-10所示。

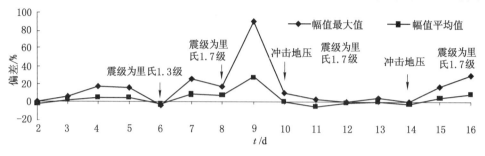

图 5-10　电磁辐射偏差变化图

5.3.2　钻屑法

钻屑法是通过在煤层中施工一直径为 $42\sim50$ mm 的钻孔来鉴定冲击危险性。鉴定方法有两种。第一种:根据排出的煤粉量判别,当单位长度的排粉率超过标定值时,表示冲击危险性提高。此种方法是根据应力高、钻孔变形量大,相应的煤粉量也增大的原理得出。第二种:根据有关动力效应判别,当钻孔出现吸钻、卡钻等动力现象时,表示冲击危险性提高。此种方法的原理是当地层应力达到冲击临界状态时,钻孔瞬间遭到大范围破坏,瞬间增加的煤粉量难以及时排出而造成吸钻、卡钻现象。对钻屑法具体问题的分析如下所述。

当煤体打钻到一定深度后,钻孔周围将逐渐过渡到极限应力状态。钻孔过程呈现一系列的动态效应,如图5-11所示。图5-11中的"1"为钻孔前应力曲线,"2"为钻孔后应力曲线,"3"为钻孔冲击后应力曲线。当钻孔钻杆进入高应力区时,孔壁部分煤体可能突然被挤入孔内,并伴有不同程度的响声和微冲击,在钻进过程中容易出现卡钻甚至卡死现象。出现这些变化的原因是钻孔周围煤体发生了变形和破碎。煤层中的应力愈大,煤的脆塑性破碎愈剧烈。在钻孔的 B 段,孔周围煤

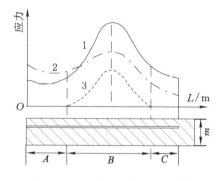

图 5-11　钻孔动态效应示意图

体处于极限应力状态,钻屑量异常增多,钻屑粒度增大,响声和微冲击增大,出现钻孔效应,这种效应与巷道发生的冲击地压相似,只是规模不同而已。

（1）煤粉量组成

钻孔过程中排出的煤粉量一般认为是由以下四部分组成的,即

① 钻孔实体,即煤芯;

② 钻孔形成后,由于钻孔弹性卸载所形成的附加煤粉量;

③ 钻孔形成后,孔壁周围破碎带内因煤体扩容而形成的附加煤粉量;

④ 破碎带形成后,在弹性区与破碎带交界处由于弹性卸载而产生的附加煤粉量。

（2）极限煤粉量

极限煤粉量是指在极限压力作用下所产生的煤粉量,是煤体-围岩力学系统达到极限平衡条件下有可能发生冲击地压的煤粉量。钻孔不同深度的极限煤粉量与其到巷道自由面的距离有关,随着与巷道自由面距离的不同,极限煤粉量的数值也不同。

5.3.3　矿压监测

矿压监测作为一种常规的煤岩应力与围岩变形监测方法,主要监测指标是巷道围岩活动情况及采煤工作面支架工作阻力情况,其可为制定矿压控制措施、指导工作面安全生产提供重要依据。

对于掘进工作面,矿压监测主要监测指标是掘进巷道的围岩变形情况。巷道围岩活动的主要表现是顶板离层、下沉、垮落,两帮片帮、滑移,底板鼓起等。由于锚杆支护巷道围岩活动的隐蔽性,围岩的破坏失稳一般没有明显的预兆,不易被人们察觉,破坏往往具有突发性。

监测指标的选择必须充分考虑到:① 巷道围岩的运动状况,从监测数据可以直接判断围岩是否稳定;② 锚杆的工作状态,从监测数据可直接判断锚杆支护参数是否合理;③ 便于观测,易于现场测取。

经研究分析,与巷道两帮围岩稳定有关的监测指标主要有:巷道两帮位移、围岩深部位移、锚杆受力及其分布状况;与巷道顶板稳定有关的监测指标有:顶板下沉量,锚固区内、外的离层值,围岩深部位移,锚杆受力及其分布状况。

(1) 巷道表面位移的监测

巷道表面位移的大小反映了巷道断面缩小的程度,由此可以判断围岩的运动是否超过其安全最大允许值,是否影响巷道的正常使用。

巷道表面位移采用"十字法"或"双十字法"进行观测,主要观测内容包括顶底板距离 C_1D_1 和 C_2D_2、两帮距离 AB、工作面侧煤帮距 O_1 点的距离 O_1A、O_1D_1 和 O_2D_2 等,O_1 和 O_2 点需要用工程线来确定。在测面位置的顶底板和两帮布置测点的基点,基点使用小锚杆,小锚杆由废旧的长锚杆在机修厂裁截,长度为 $500\sim800$ mm,两头都车长度为 50 mm 的螺纹,以便安装时使用锚杆钻机能绞烂树脂药卷。小锚杆安装时,注意露出煤壁 50 mm,其余 450 mm 安装在煤壁中并用树脂药卷锚固牢固。巷道表面位移观测及基点安设示意图如图 5-12 所示。

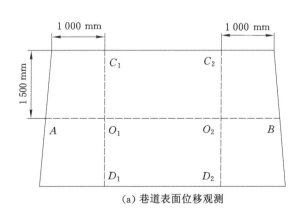
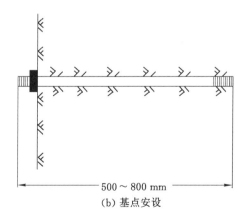

(a) 巷道表面位移观测　　　　　(b) 基点安设

图 5-12　巷道表面位移观测及基点安设示意图

（2）巷道顶板离层的监测

巷道顶板离层的监测采用顶板离层指示仪，测站布置在巷道表面位移观测站附近，沿掘进巷道全长安设，其布置示意图如图5-13所示。每个离层仪设2个测点，距离暂时分别定为2.4 m和6.0 m（根据实际情况可以进行调整）。在地质构造带、巷道交叉点要适当安设，定期观测顶板的稳定情况。

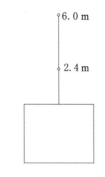

图5-13　顶板离层仪测点布置示意图

（3）锚杆工作阻力的监测（建议）

锚杆工作阻力采用锚杆液压枕进行监测，每个断面在两帮及顶板各布置1块液压枕，即每个断面共布置3块液压枕。测站布置在巷道表面位移观测站附近。

（4）工作面支护质量的监测

工作面支护质量的监测主要体现为工作面综采支架前后柱载荷监测。在工作面将综采支架分上、中、下布置并分别形成测区，在相应的支架上，分别安装顶板动态在线监测系统对工作面初期的支架受力情况进行连续观测，由安装在前柱、后柱的应力计来反映支架受力变化情况及循环增阻情况，从而判断直接顶、基本顶的初次垮落步距和周期来压活动规律，以及支架的使用、运载与顶板的适应情况等。

工作面的支护质量监测是在工作面回采期间进行的，分别统计工作面煤壁的片帮、端面垮落等地压显现数据，协助判断基本顶及其活动规律，然后严格按照微震等监测数据来控制推采速度。

5.4　综合预测方法

由于冲击地压的随机性和突发性，以及破坏形式的多样性，使得冲击地压的预测工作变得极为困难复杂，单凭一种方法是不可靠的，必须坚持冲击地压危险性的区域预报与局部预报相结合、早期预报与及时预报相结合的原则。因此，应该根据具体情况，在分析地质开采条件的基础上，采用多种方法进行综合预测。

一般来说，首先分析地质开采条件，根据综合指数法和计算机模拟分析法，预先划分出冲击地压危险及重点防控区域，提出冲击地压的早期区域性预报方法。

在上述分析的基础上，采用微震监测系统，对矿井冲击地压的危险性提出区域和及时预报相结合的方法；采用地音监测法、电磁辐射监测法等地球物理监测手段，对矿井回采和掘进工作面进行局部地点的预测预报；然后采用钻屑法，对冲击地压危险区域进行检测和预报，同时对危险区域和地点进行处理。

显然，采取上述所有的方法进行综合预测是不可能的，也不需要同时采取所有的预测方法。因此应在试验的基础上，采用综合指数法和计算机模拟分析法进行早期预报，采用微震监测进行区域预报，采用地音监测法或电磁辐射监测法进行局部及时预报，再加上钻屑法，就可以构成简单易行、行之有效的预测方法。

5.5 张双楼煤矿监测预警系统

根据《煤矿安全规程》的要求,冲击地压矿井必须建立区域与局部相结合的冲击地压危险性监测制度。张双楼煤矿的区域监测主要采用微震监测技术,安装有波兰 SOS 微震监测系统;局部监测以应力在线监测为主,安装有 KJ743 应力监测系统;点监测与检验以钻屑法为主,配合矿压在线监测与矿压大数据分析,形成完整的分级分区的监测技术体系,如图 5-14 所示。

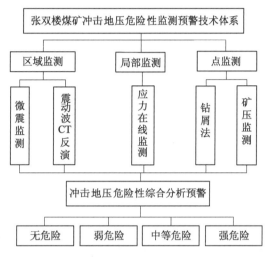

图 5-14　张双楼煤矿冲击地压危险性监测预警技术体系

5.5.1 区域监测的微震监测技术

张双楼煤矿安装了 SOS 微震监测系统,可对全矿井冲击地压危险性进行实时在线监测,如图 5-15 所示。

（1）冲击危险性预警临界指标

张双楼煤矿目前设置的微震监测预警临界指标为:掘进工作面区域震动能量临界指标为 10^4 J;采煤工作面区域震动能量临界指标为 10^5 J。

（2）冲击危险性趋势

采用微震法监测冲击地压危险性时,应基于区域内发生的微震活动情况,以每日震动活动为基本单元,对比分析 3～7 d 内震动发生的频次、能量及分布特征,根据微震活

图 5-15　张双楼煤矿 SOS 微震监测系统

动的变化、震源方位和活动趋势预测冲击地压危险等级和状态。微震法监测预警冲击地压危险的一般规律有以下几点:

① 微震活动频次或能量持续增加 2～3 d,且维持在较高水平;

② 微震能量先经历一个震动活跃期,之后出现明显下降,但频次维持在较高水平,冲击地压危险性上升。

（3）冲击危险处置

当微震监测到有危险或异常时,现场管理人员应立即停止生产,将人员撤至安全地点,并将现场详细情况汇报至煤矿安全生产指挥中心及防冲管理科值班人员,由安全生产指挥中心进行调度,并由煤矿领导组织相关部门制订防冲方案。由井下现场人员采用钻屑法对危险和异常区域及其前后各 50 m 范围进行冲击危险性验证,钻屑法钻孔间距为 10 m（可先设置为 20 m 间距,后采用两孔间加孔的方法快速查找危险区）。采用钻屑法验证有危险时,对危险区及其前后各 20 m 范围,采用冲击危险性解危方法进行卸压解危。卸压解危后需再次采用钻屑法检验卸压效果,直到冲击危险性下降到允许范围内,如出现较大冲击破坏,应立即启动应急预案。

5.5.2 区域监测的震动波 CT 反演技术

利用震动波 CT 反演技术可以提前对区域应力与冲击危险性进行判别,表 5-2 为张双楼煤矿东翼采区震动波 CT 反演预警冲击地压危险性报表。

表 5-2　张双楼煤矿东翼采区震动波 CT 反演预警冲击地压危险性报表

张双楼煤矿东翼采区					
震动波 CT 反演结果(2015-04-12—2015-04-20)					
震动总数	205	反演震动数	101	射线数	455

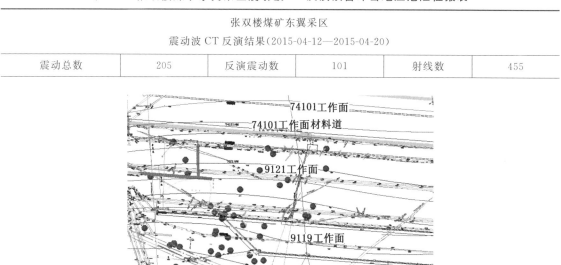

微震定位图

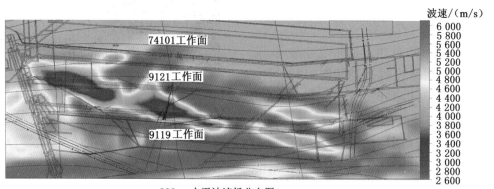

-900 m 水平波速场分布图

表 5-2(续)

张双楼煤矿东翼采区

震动波 CT 反演结果(2015-04-12—2015-04-20)

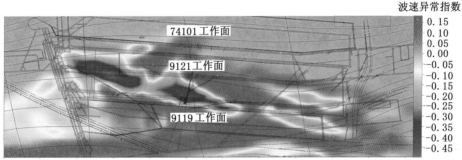

-900 m 水平波速异常指数分布图

	冲击危险等级	应力集中程度	波速异常指数/%
冲击危险判别标准	A	无	<5
	B	弱	5～15
	C	中等	15～25
	D	强	>25
危险 分析	根据 9 d 矿震活动的震动波 CT 反演结果可以看出: ① 东翼采区整体应力较高,处于危险状态; ② 9121 工作面前方受超前支承压力的影响,达到中等偏强危险状态		
处理 意见	① 继续加强工作面超前支护距离与强度; ② 在图示刮板输送机道与材料道的中等危险性区域、材料道底煤较厚区域以及停采线附近区域应限员限时,生产期间严禁人员停留; ③ 应严格控制回采速度,防止冲击地压的发生		

5.5.3 局部监测的应力在线监测技术

对于防冲重点区域或在工作面两道施工钻孔时,应布置钻孔应力计,建立应力在线监测系统。张双楼煤矿安装的 KJ743 冲击地压实时在线监测系统将测区布置在工作面前方 0～250 m 的区域内,每组各由 1 个深度为 8 m、14 m 的传感器组成,组与组之间的间距一般为 15～30 m,冲击危险性高的区域可适当调整测点间距及监测范围。采动应力在线监测布置示意图如图 5-16 所示。

张双楼煤矿应力监测预警临界指标设置为:8 m 应力预警指标为 10 MPa,8 m 应力临界指标为 13 MPa;14 m 应力预警指标为 11 MPa,14 m 应力临界指标为 14 MPa,并根据现场应力变化趋势分析判断冲击地压危险性。

为监测岩石上山巷道应力水平,掘进期间在巷道帮部埋设应力计(液压枕),间距为 100 m 或 50 m,深度为 15～20 m,定期观测应力数据,以掌握围岩应力水平和分析动力灾害发生的危险性。

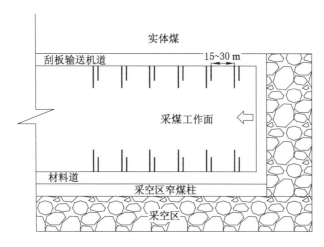

图 5-16　采动应力在线监测布置示意图

5.5.4　点监测与检验的钻屑法检测技术

（1）工作面掘进期间钻屑法检测实施方案

检测地点为煤层掘进巷道迎头及两帮位置，钻孔直径为 42 mm，迎头布置 1～2 个测点，巷帮第一个测点距离迎头 5～10 m，孔深一般为 10 m，钻孔距底板 0.5～1.5 m，如图 5-17 所示。

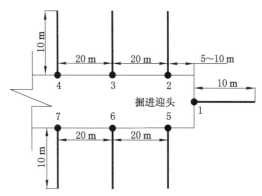

图 5-17　工作面掘进期间钻屑孔布置示意图

（2）工作面回采期间钻屑法检测实施方案

工作面回采期间检测范围覆盖工作面的超前支承压力影响区，测点布置在巷道两帮实体煤侧，钻孔直径为 42 mm，孔深 10 m，孔距底板 0.5～1.5 m，单排布置，对冲击危险性高的区域可适当调整钻孔点间距及检测范围。采煤工作面钻屑法测点布置示意图如图 5-18 所示。

（3）钻屑检测频率

掘进工作面保持在钻屑检测范围内掘进，实体煤巷帮钻屑检测孔间距不得大于 10 m。迎头及迎头后方 60 m 范围内，弱冲击危险区段每 3 d 至少检测 1 次，中等冲击危险区段每 2 d 至少检测 1 次，强冲击危险区段每天均要检测。迎头后方 60～150 m 范围内，弱冲击危险区段每 4 d 至少检测 1 次，中等冲击危险区段每 3 d 至少检测 1 次，强冲击危险区段每 2 d 至少检测 1 次，每次钻屑检测均不得少于 2 孔。迎头后方 150 m 外特定危险区域须定期进

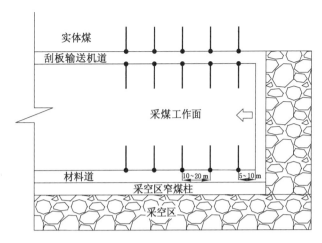

图 5-18　工作面回采期间钻屑孔布置示意图

行钻屑检测。

钻屑检测对采煤工作面两道实体煤巷帮的要求：超前 100 m 范围内，弱冲击危险区段每 3 d 至少检测 1 次，中等冲击危险区段每 2 d 至少检测 1 次，强冲击危险区段每天均要检测，每次检测钻孔间距为 10～30 m。超前 100～200 m 范围内，弱冲击危险区段每 4 d 至少检测 1 次，中等冲击危险区段每 3 d 至少检测 1 次，强冲击危险区段每 2 d 至少检测 1 次，每次钻屑检测均不得少于 2 孔。超前 200 m 范围外特定危险区域须定期进行钻屑检测。

（4）钻屑临界指标的确定

根据表 5-3 确定各采区各煤层的具体钻屑量预警临界指标。

表 5-3　判别工作地点冲击地区危险性的钻粉率指标

钻孔深度/采高	<1.5	1.5～3	>3
钻粉率指数	≥1.5	≥2	≥3

注：钻粉率指数＝每米实际煤粉量/每米正常煤粉量。正常煤粉量在正常应力区测定。

（5）钻屑检测冲击地压危险性的确定

如果钻屑检测到的钻粉量达到或超过临界指标，大于 3 mm 的钻粉颗粒组分超过 30%或出现卡钻、吸钻、煤炮等动力现象时，则认为有冲击地压危险，必须立即采取解危措施。

5.5.5　点监测与检验的矿压监测

（1）顶板离层仪

① 顶板离层仪应安设在巷道顶板中部或交岔点中心位置。

② 掘进巷道顶板离层仪的间距一般不超过 100 m，非跟顶、沿空或受采动影响的掘进巷道，间距一般不超过 50 m，间距误差不超过 3 m。断层处、交岔点等特殊地段必须安装顶板离层仪。

③ 顶板离层仪按安装时间先后进行编号、挂牌管理，监测资料要定期分析并做好记录。观测记录实行现场记录牌、记录本、记录台账"三统一"制度。

④ 顶板离层仪安装后 10 d 内，距掘进工作面 50 m 内和采煤工作面 100 m 内每天观测

应不少于1次。在此范围以外,若离层、位移无明显增大,可每周观测1次。

(2)围岩观测站

① 巷道表面位移监测内容包括顶底板相对移近量、顶板下沉量、底鼓量、两帮相对移近量和巷帮位移量,一般采用十字布点法安设测站,基点应安设牢固,测站间距一般不超过100 m;采用测枪、测杆或其他测量工具量测。

② 当巷道围岩移近速度急剧增加或一直保持较大值时,施工单位应及时向矿有关领导汇报,及时组织相关人员分析原因,并采取相应的处理措施。

5.6 张双楼煤矿冲击地压多参量综合预警云平台

由于张双楼煤矿开采进入千米以下,防冲压力增加,目前矿井综合采用了SOS微震监测系统、应力在线监测系统、钻屑法检测对系统冲击危险性进行监测与预警,不同监测系统的指标通过人工分析方法确定冲击危险性等级与区域,再采取相应的防冲解危措施。由于监测的物理量不同,各监测系统数据处理与分析相对独立,不能实现数据的融合;各系统采集的大量数据均靠人工分析,预警结果受分析人员业务能力与经验的影响;分析工作均在早班开展,不能做到不间断反映井下冲击地压危险程度,不能实时显示矿井采掘工作面的危险程度,给防冲安全管理带来了潜在风险。因此,张双楼煤矿正在积极推进冲击地压监测与防控的智能化改革,以满足精准智能开采要求。

经过深入调研,张双楼煤矿已经批准建立由中国矿业大学研发的"冲击地压多参量综合预警云平台",如图5-19所示。

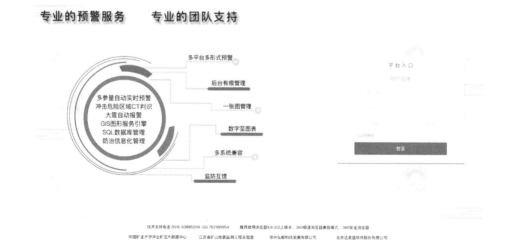

图5-19 冲击地压多参量综合预警云平台

该平台能够实现微震、应力、钻屑、大直径卸压等多种监测系统及数据信息统一管理。针对不同的监测系统和监测方式,建立科学合理的预警指标,包括:① 多参量综合、实时、分级预警;② 近、远场冲击地压危险性的震动波CT反演空间预警;③ 独有的冲击变形能指数时序预警;④ 一张图管理(一张图中展现监测、预警、防控各类信息);⑤ 监防互馈(针对冲击地压危险性在时间和空间两个维度上的监测预警结果,平台可有效指导现场制定防冲解危措施);⑥ 大震自动语音报警,并构建了基于冲击地压类型支持下的"三场"多参量带权重时空预警模型。该平台内核以中国矿业大学冲击地压研究团队"十三五"国家重点研发计划中智能预警模型与算法成果为基础,不但具备数据展示效果,更重要的是具有预警模块,能够实现预警的自动化和智能化。

平台建设成功后,预期能够达到的效果为:

① 通过一个信息化平台综合展示微震、钻屑、应力在线、卸压爆破、大直径钻孔卸压信息,对各监测系统信息和数据统一管理,根据不同矿井的需求可拓展和接入其他多种监测系统及数据信息。

② 支持多种终端设备使用,包括台式机、平板电脑、智能手机等,便于及时查看并获取信息;可实现异地访问、数据信息查询、预警提示,大幅提高监管效率。

③ 具有多种形式预警,包括手机短信、WEB 浏览器网页、预警卡片、"一张图"等。

④ 采用 SQL 数据库管理,支持多用户对多种监测、防控信息的并发访问、异地访问,为防控信息化提供信息录入接口、后台有痕管理及必要的数据支撑。

⑤ 设计独特的冲击危险区域震动波 CT 反演和冲击变形能指数时序预警模块,可将分析结果以云图形式进行展示,也可与震源等信息叠加显示。

⑥ 平台具有矿震自动辅助分析和语音报警功能,可快速实现对矿震震源自动定位和能量计算功能,并能对矿震信号进行实时监测分析、分区以及分能量级别语音报警,并存储报警数据至数据库。

⑦ 可视化呈现图表、插值及云图等,可直观化实时展示冲击地压信息,如冲击地压危险程度通过表格展示为无冲击、弱冲击、中冲击、强冲击;应力状态通过云图形式显示空间分布状态。

⑧ 实现监测信息网络发布与共享下载,并建立后台管理系统,实现各级用户信息下载、服务信息上传、用户权限设置、添加和删除等服务。

⑨ 以云图形式圈定危险区域实现冲击危险区域的可视化;以卡片形式显示设定区域内的冲击危险预警级别,并交互显示各类多参量指标的危险趋势曲线。

⑩ 可利用浏览器浏览矿井采集的矿震信号波形、矿震分布、应力变化、多参量趋势变化、冲击危险性分布和预警结果。另外,也可以通过 App 同步浏览网络平台显示的相关信息。

目前该平台已经在张双楼煤矿进行试验并得到应用,效果显著,如图 5-20 所示。

通过"冲击地压多参量综合预警云平台"的建设,实现了对张双楼煤矿冲击地压的在线监测、智能判识与实时预警,极大地提高了冲击地压危险性监测预警与防控能力。

同时,张双楼煤矿已经具备自主震动波 CT 反演预警冲击地压危险的能力,在"冲击地压多参量综合预警云平台"的基础上,能够自主进行震动波 CT 反演,从而提高预警时效性与准确性,大幅度提高应力区域反演、冲击地压危险性超前预警、卸压效果定量检验的能力,为保证张双楼煤矿掘进与回采期间的精准预测、精准卸压奠定了基础。

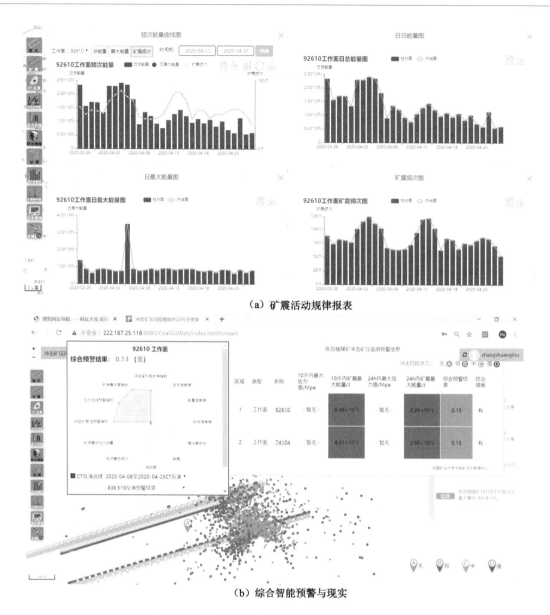

（a）矿震活动规律报表

（b）综合智能预警与现实

图 5-20 冲击地压多参量综合预警云平台现场应用

6 张双楼煤矿冲击地压防控技术

近年来,张双楼煤矿以实现安全治灾为目标,按照超前性、全区域的"灾源消除"防冲思路,坚持"设计防冲抓源头、全域评价定重点、措施可靠有保障、超前实施消危险"的防冲原则,提出了"扩大监测范围、区域整体卸压、分区分级卸压、超前三维卸压、后方强化卸压"等一系列监测卸压的新做法,形成了"防冲设计→采前评价→超前高强度预卸压→效果检验→应力恢复再卸压→效果再检验→应力正常→采掘作业"防冲工作流程。实施低应力开采工程,全面落实"强监测、强卸压、强支护、强防护"和"低强度、低扰动、低密度、低应力"的治灾措施,初步实现了矿井开采全域、全过程的防冲格局。

6.1 区域防冲技术

6.1.1 采区设计、采掘工作面设计遵循的原则

① 矿井开拓设计中考虑冲击危险性对矿井生产的影响,从减小开采应力集中的角度进行开拓布局设计。开拓巷道和采区上下山布置在岩层或弱冲击危险性的煤层中,永久硐室布置在岩层中。

② 主要巷道保护煤柱宽度应合理留设,避免主要巷道处于峰值应力集中区域;回采巷道保护煤柱采用小煤柱护巷或沿空掘巷,避免采空区侧向应力集中对下一个工作面产生影响。

③ 多煤层开采,合理选择保护层开采,7 煤层若具备开采条件的情况下,先采 7 煤层再采 9 煤层。

④ 采区内各工作面按顺序开采,杜绝形成孤岛工作面;工作面开切眼、停采线要对齐。

⑤ 采煤方法根据井下地质条件,选择技术含量高,自动化程度好,有利于冲击地压管理的工艺方式,普遍采用走向长臂综合机械化开采方式,全部垮落法管理采空区顶板。

⑥ 采掘工作面应背向大型地质构造、采空区、其他应力集中区开采。

6.1.2 典型采区防冲设计

张双楼煤矿原有开采区域主要集中在 −1 000 m 东一采区和 −1 000 m 西一采区,且 −1 000 m 西一采区为 7 煤层、9 煤层双翼开采,采掘工作面布置很难满足《煤矿安全规程》和《防治煤矿冲击地压细则》中"开采冲击地压煤层时,在应力集中区内不得布置 2 个工作面同时进行采掘作业。2 个掘进工作面之间的距离小于 150 m 时,采煤工作面与掘进工作面之间的距离小于 350 m 时,2 个采煤工作面之间的距离小于 500 m 时,必须停止其中一个工作面,确保两个采煤工作面之间、采煤工作面与掘进工作面之间、两个掘进工作面之间留有足够的间距,以避免应力叠加导致冲击地压的发生"等有关"3 个距离"的要求。为此矿井根

据采区防冲设计规范的原则,调整布局,采取超大宽度煤柱分散采区应力集中、跨上山布置不留采区煤柱的方式,将 $-1\,000\,m$ 东一采区和 $-1\,000\,m$ 西一采区合并为 $-1\,000\,m$ 延深采区。$-1\,000\,m$ 延深采区东翼和西翼之间由于有 3 条落差为 $30\sim50\,m$ 的大断层,因此将原计划分区开拓的 $-1\,000\,m$ 西一下山采区、$-1\,000\,m$ 东一下山采区两个采区联合布置为一个双翼采区,采区主系统布置在 $-1\,000\,m$ 延深采区东翼。而采区东西翼之间采用长度在 $1\,000\,m$ 左右的运输大巷和轨道大巷连接。这样东西翼两侧工作面即使同时开采,其间距也能满足"3 个距离"的要求,且两翼采动应力不会出现叠加,冲击地压危险性降低。

6.1.3 开拓巷道和永久硐室设计

在 $-1\,000\,m$ 延深采区东翼设计布置 4 条下山巷道,分别为采区回风上山、轨道上山、运输上山及行人上山。为降低采区冲击地压危险程度,减少后期巷道的维护工程量,4 条下山巷道均平行布置于 7、9 煤层之间岩石中,相邻巷道之间水平距离不小于 $20\,m$,其中采区轨道上山、回风上山及行人上山处于同一标高,运输上山的标高略高。

6.1.4 严格执行"3 个距离"规定

在现有采区布局的情况下,如出现违反"3 个距离"要求的情况则按规定停止一个工作面的生产。近两年,张双楼煤矿在工作面开采过程中先后 7 次执行了该规定。如 92608 工作面材料道和 92608 工作面刮板输送机道掘进受 92606 工作面回采影响提前 $353\,m$ 停掘;92610 工作面刮板输送机道掘进受 92608 工作面回采影响提前 $351\,m$ 停掘;93606 工作面刮板输送机道掘进受 93604 工作面回采影响提前 $352\,m$ 停掘;96304 工作面材料道相向掘进提前 $153\,m$ 停掘一头;74102 工作面刮板输送机道里段相向掘进提前 $152\,m$ 停掘一头。图 6-1 为 94101 工作面开切眼停掘位置与 94101 工作面材料道位置示意图。图 6-2 为 74104 工作面刮板输送机道停掘位置与 74102 工作面位置示意图。

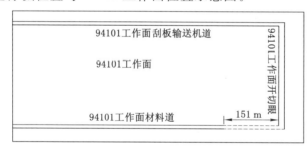

图 6-1　94101 工作面开切眼停掘位置与 94101 工作面材料道位置示意图

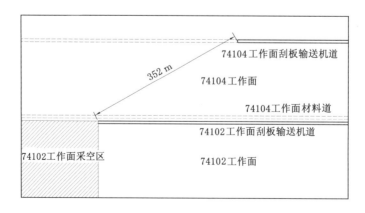

图 6-2　74104 工作面刮板输送机道停掘位置与 74102 工作面位置示意图

6.2　局部防控技术

6.2.1　卸压爆破

振动爆破是一种特殊的爆破,它与爆破落煤不同。振动爆破的主要任务是爆破炸药,形成强烈的冲击波,使得岩体振动。

振动爆破有振动卸压爆破、振动落煤爆破、振动卸压落煤爆破、顶板爆破和断层爆破。

（1）振动卸压爆破原理

在采煤工作面及上下两巷,振动爆破能最大限度地释放聚积在煤体中的弹性能,在采煤工作面附近及巷道两帮形成卸压破坏区,使压力升高区向煤体深部转移。振动爆破的合理布置及合理的装药量,不仅形成岩体振动,在一定程度上形成煤体的松动带,且落煤方便。

合理的钻孔布置应使炸药爆破后形成的弹性波以合理的方向传播,使得因炸药爆炸形成的压力与因开采形成的压力叠加,超过其极限状态,使岩体卸压或引发冲击地压,这样,振动卸压爆破的效果最好。

在钻孔中合理布置炸药,可有效引发爆炸能,并最大限度地将其传播给周围岩体,以达到卸压,将应力集中区向深部转移的目的。炸药的布置应从煤层内应力最高点开始向里,而外部全部用炮泥封孔。因应力集中地点煤层的密度最大,这样可以扩大塑性区,将应力最高点向深部转移。

（2）振动卸压爆破

在人员撤离的情况下,这种爆破除了会引发冲击地压外,还可将高的应力集中区转移到煤体深部,形成松动带。其效果是引发冲击地压,减缓深部煤体中的压力升高区,爆破引发一些地震能的释放。

（3）振动落煤爆破

振动落煤爆破的目的是在人员撤离的情况下,引发冲击地压,减缓或移去深部煤体或采煤机截深范围内的支承压力区。这种爆破要求炮眼全长爆破,使下一个截深范围内应力释放,这种情况下,采煤机几乎仅起装煤作用。

（4）振动卸压落煤爆破

这种爆破组合了振动卸压爆破和振动落煤爆破两种。振动卸压落煤爆破既可用于采煤工作面前方,也可用于巷道掘进,其参数根据具体条件而定,但卸压长钻孔爆破后,应避免在同一眼位布置落煤爆破孔。

（5）顶板爆破

煤层坚硬顶板是影响冲击地压发生的最重要因素之一。

顶板爆破按照采掘工序可以分为掘进期间顶板爆破和回采期间顶板爆破。掘进期间顶板爆破是在巷道掘进前方顶板施工中的爆破,主要是为了破坏顶板结构,释放顶板和煤层所储存的弹性能,避免掘进期间震动能量的急剧释放。回采期间的顶板爆破是在工作面前方一定距离施工切顶爆破孔,切顶爆破孔间隔 20 m 左右,其目的是减弱初次来压强度,控制周期来压步距。

（6）断层爆破

断层爆破是通过在巷道向断层位置施工深孔爆破孔,通过装大量炸药一次性起爆,将断层附近煤岩体破碎并提前诱发断层小范围活动,释放构造应力,从而避免在采掘扰动状态下引起断层的大面积活动,起到防控冲击地压的作用。

6.2.2 煤层注水

(1)煤体注水原理

大量的研究表明,煤系地层岩层的单向抗压强度随着其含水量的增加而降低,其关系可用下式表示:

$$R_c = a(w_0)^b + c \tag{6-1}$$

式中,w_0 为强度最大时的含水量,a、b、c 为系数。a、b、c 及 w_0 的值见表 6-1。

表 6-1 注水软化系数表

岩石种类	a	b	c	$w_0/\%$
粗粒砂岩	290	-1.39	25.9	≥4
细中粒砂岩	537	-1.20	46.0	≥7
泥岩	985	-1.21	34.0	≥15
页岩	6 100	-2.27	23.9	≥28

同样,煤的强度与冲击倾向指数 W_{ET} 也随煤的湿度的增加而降低,在所有的情况下煤的冲击倾向指数与煤的湿度增量(含水率)的关系可用下式表示:

$$W_{ET} = W_{ET0} e^{b\Delta W} \tag{6-2}$$

式中 W_{ET}——注水后的煤层冲击倾向性指数;

  W_{ET0}——自然状态下的煤层冲击倾向性指数;

  ΔW——含水率。

煤层不同,上式的系数也不同。同时含水率与注水时间并不成正比。另外,煤的湿度的增加可改变其切割指数,降低煤尘。

煤层注水的实用方法有三种布置方式,即与采煤工作面煤壁垂直的短钻孔注水法、与采煤工作面煤壁平行的长钻孔注水法和联合注水法。

(1)短钻孔注水法

短钻孔注水法主要看注水钻孔的数量。钻孔通常垂直煤壁,且在煤层中线附近。注水时,依次在每一个钻孔放入注水枪,水压通常为 2~5 MPa。比较有效的注水孔间距为 6~10 m,注水钻孔深不小于 10 m,注水孔的直径应与注水枪的大小相适应,且放入注水枪后能自行注水,封孔封在破裂带以外。

该方法的优点是容易钻孔注水;可在煤层的任意部分进行;可在难打长钻孔的薄煤层进行注水;可在其他不方便的条件下注水。

短钻孔注水法的缺点是注水工作须在机道进行,影响采煤作业;注水工作须在最危险的冲击区域进行;注水范围小。

(2)长钻孔注水法

这种方法是通过平行工作面的钻孔,对原煤体进行高压注水,钻孔长度应覆盖整个工作面范围。注水钻孔间距应为 10~20 m,其大小取决于注水时的渗透半径。

采煤工作面区域内的注水应从两巷相对的两个钻孔进行注水,注水从靠工作面最近的钻孔开始,一直持续到整个工作面范围。注水枪应布置在破碎带以外,深度视具体情况而定。一般情况下,注水工作应在工作面前方 60 m 外进行。

长钻孔注水法的最大优点是工作面前方区域内的注水是均匀的,注水工作在两巷进行,不影响采煤作业。注水的超前时间不宜过早,因为随着时间的推移,注水效果就会降低。实践证明,注水的有效时间为 3 个月。这种方法可最大限度地使用机械,且注水工作可在冲击危险区域外进行。其缺点是某些情况下很难进行钻孔作业,特别是薄煤层时更加困难。

(3)联合注水法

这种方法是上述两种方法的综合,采煤工作面一部分区域采用长钻孔注水,另一部分区域采用短钻孔注水,水压不小于 10 MPa,当降至 5 MPa 时,认为该钻孔水已注好。在有些情况下煤壁会滴水。在长钻孔或联合注水法注水的情况下,为了预防早期注过水的煤层干燥,用高压设备注水结束后,可将注水钻孔与消防龙头相连。

6.2.3 钻孔卸压

采用煤体钻孔可以释放煤体中积聚的弹性能,消除应力升高区。下面详细说明钻孔对应力状态的影响,如图 6-3 所示。

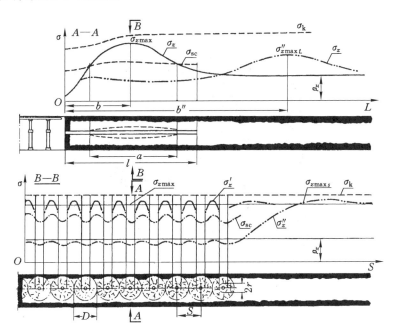

图 6-3 煤体钻孔对应力分布的影响

顶板岩层作用在煤体上,工作面前方煤体上的应力可用 σ_z 表示。而 σ_k 表示了发生冲击地压的极限应力值,即煤层的应力达到该值时将会发生冲击地压。从煤壁开始,煤层上覆的应力达到了最大值 σ_{zmax},而该值接近于极限应力值,说明了冲击地压危险性很大。这种情况下,采用直径 $d=2r$,长 l 的钻孔,钻孔中部受挤压的长度为 a,结果使钻孔煤体的压力降为 σ_{sc}。应力 σ_z 越高,钻孔受挤压移动的程度就越大。

在支承压力区域内,用大直径钻头钻孔,降低其应力值,而钻孔局部范围出现小的应力集中 σ_z',当该应力 σ_z' 超过钻孔壁的强度时,随着时间的推移,钻孔间煤体发生风化与压裂,结果在每个钻孔周围以直径为 D 的范围内卸压。

因此,在布置钻孔时,其间距 S 至少等于单个钻孔卸压直径 D。只有这样才能在一定范围内形成应力降低区。应注意,钻孔形成的卸压带使煤体松动,不能积聚弹性能以及形成永久屈服变形。

6.2.4 定向割缝致裂

定向水力裂缝法就是人为地在岩层中,预先制造一个裂缝,在较短的时间内,采用高压水,将岩体沿预先制造的裂缝破裂。在高压水的作用下,岩体的破裂半径范围可达 15～25 m,有的甚至更大。

采用定向水力裂缝法可简单、有效、低成本地改变岩体的物理力学性质,故这种方法可用于降低冲击地压危险性,改变顶板岩体的物理力学性质,将坚硬厚层顶板分成几个分层或破坏其完整性;为维护平巷,将悬顶挑落;在煤体中制造裂缝,有利于瓦斯抽采;破坏煤体的完整性,降低开采时产生的煤尘等。

定向水力裂缝法有两种,即周向预裂缝法和轴向预裂缝法。研究表明,在要形成周向预裂缝的情况下,为了达到较好的效果,周向预裂缝的直径至少应为钻孔直径的两倍以上,且裂缝端部要尖,周向预裂缝钻头与岩层中割缝形态如图 6-4 所示。高压泵的压力应在 30 MPa 以上,流量应在 60 L/min 以上。而轴向裂缝法则是沿钻孔轴向制造预裂缝,从而沿裂缝将岩体破断。定向水力致裂所需配套设备如下:

图 6-4 周向割缝刀具实物图与岩层中割缝形态

① 定向切槽刀具;

② 封孔器;

③ 钻孔窥视仪;

④ 地质钻机,钻杆直径为 42 mm,钻头直径为 42～46 mm,成孔直径不超过 50 mm;

⑤ 高压泵、高压管路、压力表、流量计(可选)、各种管路接头以及控制阀、卸压阀等。

定向水力裂缝法的具体操作工序(图 6-5)如下:

① 施工钻孔:利用 ZBY650Y 型液压地质钻机(或其他钻机)在工作面巷道设计钻孔位置施工直径为 46 mm 的致裂钻孔与控制钻孔。

② 切割预裂缝:利用直径为 38 mm 的割缝刀具进行切槽。连接钻杆时,必须将钻杆与钻杆之间拧紧,控制致裂孔的切槽速度,一定要以较慢的速度钻进,同时观测回流水中岩粉

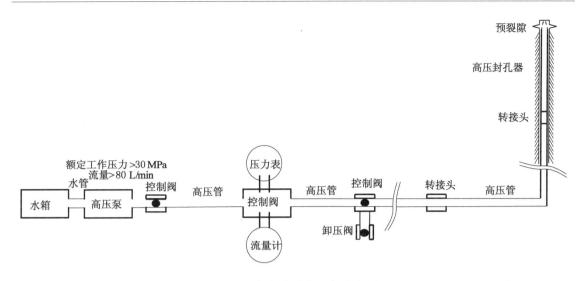

图 6-5　水力致裂的工序示意图

的性质。切槽完成后,停钻进行冲水洗孔,直至水流变清。同时利用钻孔窥视仪,观测初始裂缝的形状是否符合要求。切割预裂缝的方法如下:

　　a. 将机身和钻杆相连,放入钻孔中直至定向锥接触到钻孔底部。

　　b. 将钻具进行空钻(不要有向前的运动),将泥浆冲出。等从钻孔中有水流出后,有控制地慢慢推动钻杆转动,使钻杆沿轴向向前运动。钻杆向前的移动量不能超过纵向切槽的长度,从而切出预裂缝。钻杆必须要缓慢地向前移动,否则容易损坏刀具。

　　c. 停止钻杆向前移动,保持旋转 1 min,以便将钻具从形成的预裂缝中移出。

　　d. 停止钻机的转动,并将钻杆从钻孔中取出。

6.3　巷道掘进三维应力场优化防冲技术

6.3.1　降低冲击源能量的技术措施

　　冲击源能量是由动载应力、静载应力以及两者共同作用形成的,其有三种作用形式:① 煤层掘进巷道的动载应力来源于地质异常带所导致的煤岩体破断和裂隙,在外界扰动下,异常带的裂隙扩展,相互滑动释放能量;当裂隙扩展到一定程度后,极易诱发异常带的煤岩体整体破断,向外部释放大量震动能量,传递到煤层巷道的表面,将巷帮煤体抛向巷道,形成冲击地压,此种为动载形式冲击源。② 当异常区释放的震动能量传递到煤巷高应力区域,与煤层原有的静载应力叠加,超过煤体极限强度时就会引起煤体的破坏,形成动静载叠加型冲击源。③ 在异常区形成的高静载应力区掘进巷道,易引起高静载应力的突然卸载,引起煤体的爆裂,形成静载型冲击源。

　　降低冲击源能量的技术措施有以下几个方面:

　　(1) 远离异常区布置巷道

　　三种类型的冲击源均由异常区引发,且动载形式的冲击源较难防控,所采取的最有效的方式是在布置煤层掘进巷道时尽量远离褶曲、断层、顶板变化、煤厚变化、煤柱等异常区。

　　(2) 巷道超前先卸压后掘进

在不可避免的高应力异常区巷道掘进过程中,为了降低冲击源的能量,须在掘进前对巷道围岩采取卸压措施,降低煤体中储存的弹性能,然后再进行巷道的开掘工作。围岩预卸压的措施有超前卸压钻孔、顶板爆破等,关于措施的不同施工方式对冲击源的降低效果如6.8节所述。

（3）及时卸压

虽然实施了超前卸压措施,预降低了煤层中积聚的应力,但巷道掘进后,仍然会在巷道两帮重新积聚能量。掘进完成的巷道,需要在巷帮位置采取卸压措施。根据第2章相关内容的统计分析,掘进巷道冲击地压发生位置在空间上主要位于掘进头后方100 m范围以内的两帮位置,100 m以外的区域,岩层活动相对稳定,发生冲击地压的可能性较低。要使卸压措施的效用发挥到最大值,巷道掘进后,卸压措施实施位置选择在迎头后方100 m范围以内。根据统计,在迎头附近巷帮位置,由于受到迎头的作用,不易发生冲击地压;随着与迎头距离的增加,巷帮受迎头的保护作用降低,冲击危险性增加。巷道最容易发生冲击地压的破坏区是距离迎头12~30 m范围以内的巷帮位置,为保证最危险区域能得到有效的卸压防治,巷道掘进完成后的卸压措施要尽最大可能地紧靠迎头位置。

（4）避免留底煤,有底煤必卸压

根据统计分析,含有底煤的巷道,发生冲击地压时极易引发底鼓破坏。根据本章相关内容的模拟结果可知,随着煤层厚度的增加,底板煤层易积聚能量,破坏后向外部释放震动能量,特别是水平应力较大时,顶底板积聚能力更强。底煤巷道的支护影响后期卧底(巷道底鼓清理底鼓煤的过程)、运输等工作,增加支护成本,故底板一般不采取支护措施,受到同等冲击源能量作用,其相较于顶板及巷帮更容易发生破坏。因此,煤层巷道掘进时,须坚持"避免留底煤、有底煤必卸压"的原则。

（5）控制掘进速度

掘进速度的增加,煤岩体破裂强度增加,释放的震动能量增加,从而增加冲击危险性,从第4章的统计结果反映了此问题。推进速度与冲击源能量的关系参见下节数值模拟内容。

6.3.2 增加冲击阻能的技术措施

增加冲击阻能的技术措施主要有以下几个方面:

（1）降冲过程的增阻

所采取的降冲措施中的卸压孔、爆破等措施不仅能够起到降低冲击源能量的作用,同时能增加煤岩体的破碎性,进而增加波传播过程中的衰减作用,起到增加冲击阻能的作用。

（2）增加巷帮支护强度

增加巷帮支护强度,运用高强度锚索、高强度锚杆支护,使巷帮煤体整体受载,增加冲击阻能。

（3）增强临时支护措施

迎头100 m范围以内为主要冲击地压发生区,需要增加迎头后方100 m范围以内的临时支护措施,如在迎头后方一定范围采用门式支架等。

6.4　全断面超前卸压掘进技术

图 6-6 为采取全断面超前卸压措施后应力变化情况图。从图可以看出在采取措施前,应力高峰区形成的包围圈与巷道之间的距离较近,严重威胁着巷道的安全生产;进行钻孔卸压后,应力高峰区形成的包围圈与巷道之间的距离明显加大,对巷道的影响程度降低。

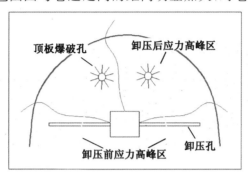

图 6-6　巷道掘进全断面超前卸压示意图

图 6-7 为使用超前卸压钻孔和不使用超前卸压钻孔差异图。从图 6-7 可以看出,在 A 和 B 两个区域,未使用全断面超前卸压钻孔时,巷道向前掘进,此处为非卸压区,应力高,影响巷道掘进工作面的安全;使用全断面超前卸压钻孔后,A 和 B 两个区域处于卸压状态,应力得到一定释放,向前掘进时,巷道迎头区域处于相对较安全的状态。因此,全断面超前卸压钻孔保证了巷道掘进过程中迎头区域处于卸压状态,保证了巷道的安全掘进。

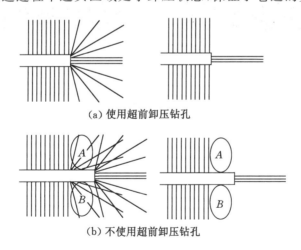

图 6-7　使用超前卸压钻孔与不使用超前卸压钻孔差异图

全断面卸压后,巷道围岩三维空间应力得到优化,如图 6-8 所示。

6.4.1　全断面超前卸压防冲效果模拟分析

为了研究不同超前卸压钻孔、顶板爆破钻孔以及推进速度对煤层巷道掘进能量积聚与释放特征的影响,本节进行数值模拟研究,主要研究内容与方案如下:

(1) 分别模拟在未卸压煤岩体,迎头超前卸压煤岩体,迎头、肩角、两帮超前卸压煤岩体,两帮卸压煤岩体以及迎头两帮卸压煤岩体五种状态下的能量变化特征。五种状态下初

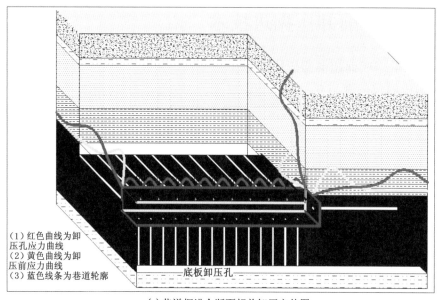

(1)红色曲线为卸压孔应力曲线
(2)黄色曲线为卸压前应力曲线
(3)蓝色线条为巷道轮廓

底板卸压孔

(a)巷道掘进全断面超前卸压立体图

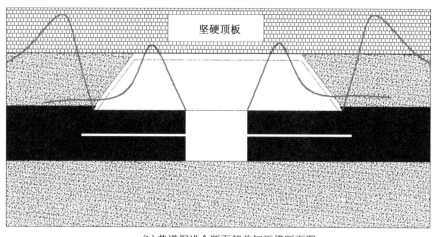

坚硬顶板

(b)巷道掘进全断面超前卸压横断面图

图 6-8　巷道掘进全断面超前卸压三维应力优化图

始巷道开挖长度均为 20 m,待计算平衡后,然后开挖 5 m 巷道,监测 5 m 巷道开挖过程中震动能量的分布位置、开挖前后能量释放云图以及开挖后围岩积聚的能量分布图。

（2）在实施顶板爆破和未实施顶板爆破的地层中开挖巷道,其中实施顶板爆破位置与巷道的水平方向距离分别为 3 m、4 m、5 m、6 m 四种类型。煤岩体初始开挖巷道长度为 20 m,待计算平衡后,然后开挖 5 m 巷道,监测 5 m 巷道开挖过程中震动能量的分布位置、开挖前后能量释放云图以及开挖后围岩积聚的能量分布图。

（3）煤岩体初始开挖巷道长度为 20 m,待计算平衡后,然后分别按照每次 2 m、每次 4 m、每次 6 m、每次 8 m、每次 10 m 的速度开挖巷道,监测巷道开挖过程中震动能量的分布位置、开挖前后能量释放云图以及开挖后围岩积聚的能量分布图。

6.4.2　超前全断面卸压对冲击源的弱化作用

图 6-9 中绿色线为已经掘进巷道,黑色线为本阶段开掘巷道,圆球为本阶段开掘巷道对

应的最大 200 个震源的位置;图 6-10 和图 6-11 中白色部分为已经开掘巷道,黑色部分为本阶段开掘巷道,图中的线为煤层和岩层的分界面;图 6-10 和图 6-11 中的上部分为距离迎头5 m 位置截取的剖面方向上能量密度图,下部分为在巷帮中间位置截取的能量密度图。从震源能量演化图可以得出:超前卸压对震源能量影响较小,每个时步震源能量变化很小。图 6-9 中定位的前 200 个震源能量基本都大于 10^6 J,从图 6-12 震源释放的能量随计算时步的变化曲线可知,每一个计算时步的震源能量基本相同。

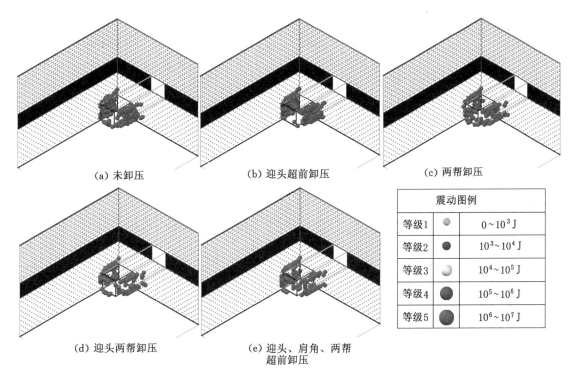

图 6-9 不同卸压方式下开挖煤层巷道最大 200 个震源分布图

震动图例		
等级 1		$0 \sim 10^3$ J
等级 2		$10^3 \sim 10^4$ J
等级 3		$10^4 \sim 10^5$ J
等级 4		$10^5 \sim 10^6$ J
等级 5		$10^6 \sim 10^7$ J

图 6-10 不同卸压方式下开掘释放的能量密度云图

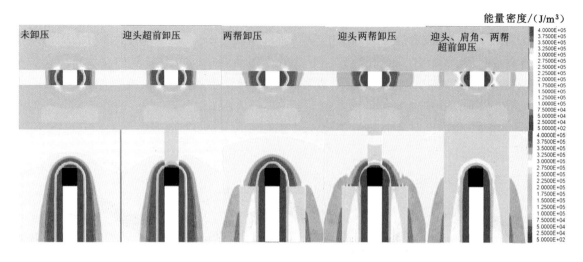

图 6-11 不同卸压方式下开掘后积聚的能量密度云图

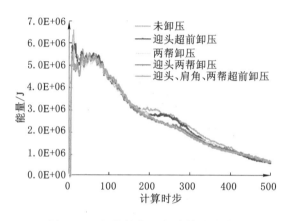

图 6-12 释放的能量与计算时步曲线

卸压位置对能量释放值和范围具有明显的影响,最优的卸压方式是实施迎头、肩角以及巷帮的卸压。如在未实施卸压措施的地层中进行煤层巷道的开掘,巷帮煤层释放的能量值达到 4×10^5 J 以上;实施迎头超前卸压措施时,煤巷开挖过程中迎头位置释放的能量值明显降低,小于 2×10^5 J,但是帮部煤体释放的能量变化较小;当仅实施两帮卸压时,煤巷掘进过程中,新开挖区的能量释放值与未实施卸压措施释放的能量相当;实施迎头卸压和巷帮卸压措施后,煤层巷道开挖释放的能量与实施卸压措施后的能量相比,迎头位置能量释放值明显降低,而巷帮能量降低不明显;当实施迎头、肩角、两帮的共同卸压措施后,煤巷掘进过程中,迎头和巷帮释放的能量值均大幅度降低。

6.4.3 顶板爆破对冲击源的弱化作用

图 6-13 和图 6-14 中白色部分为已经开掘巷道,黑色部分为本阶段开掘巷道,图中的线为煤层和岩层的分界面;图 6-13 和图 6-14 中的上部分为距离迎头 5 m 位置截取的剖面方向上能量密度图,下部分为在巷帮中间位置截取的能量密度图。从震源能量演化图可以得出:顶板爆破对煤巷掘进能量释放值和范围具有明显的影响,最优的顶板爆破位置是距离巷帮表面 3～5 m 范围内。如在未实施顶板爆破的地层中进行煤层巷道的开掘,巷帮煤层释放的能量值达到 4×10^5 J 以上,高应力释放区位于新开挖工作面的整个周围区域;在距离巷

帮 3～5 m 范围实施顶板爆破措施后,煤巷开挖过程中巷帮的能量释放范围减小,而且释放的能量主要集中在迎头附近的巷帮区域,由于迎头对冲击地压的形成具有重要的阻碍作用,进而可以降低冲击危险性;但是当爆破位置与巷帮距离达到 6 m 时,煤层巷道开挖后,能量释放的范围再次积聚到巷道两帮位置,且能量释放范围再次逐渐扩大。因此,当爆破位置与巷帮距离达到 6 m 时,卸压效果开始降低。

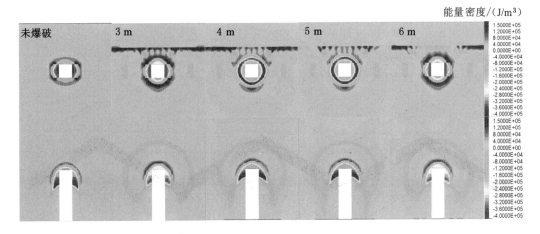

图 6-13　不同爆破方式下开掘释放的能量密度云图

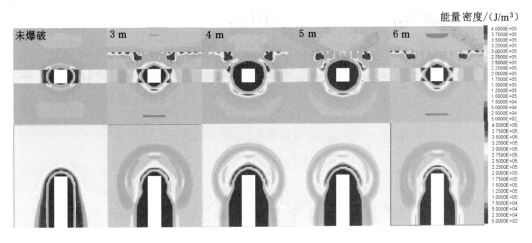

图 6-14　不同爆破方式下开掘后围岩积聚的能量密度云图

顶板爆破对煤层巷道开挖后积聚的能量具有明显的影响,顶板爆破显著减少了能量的积聚。如在未实施顶板爆破措施的地层中进行煤层巷道的开挖,开挖后在巷帮周围积聚了大量的能量,且积聚的能量位置距离巷道表面距离较小;实施顶板爆破后,煤层巷道开挖过程中,能量向顶板爆破破裂面积聚,煤层中积聚的能量显著降低,且能量主要积聚在迎头前方位置。

6.4.4　掘进速度降低对冲击源的弱化作用

6.4.4.1　震源能量空间分布特征

图 6-15 中绿色线为已经掘进巷道,黑色线为本阶段开掘巷道,圆球为本阶段开掘巷道对应的最大 200 个震源的位置;图 6-16 和图 6-17 中白色部分为已经开掘巷道,黑色部分为本阶段开掘巷道,图中的线为煤层和岩层的分界面;图 6-16 和图 6-17 中的上部分为震源在

剖面方向上投影形成的能量密度图,下部分为震源在水平面投影的能量密度图。顶板的厚度通过增加顶板的分层数来反映。从震源能量演化图可以得出如下规律:

① 随着顶板分层数的变化,巷道开挖引起的震源能量大小基本不变,震源能量主要分布在巷道周围。

② 随着顶板厚度的降低(分层数的增加),巷道开挖引起围岩的能量释放值变化较小,没有明显规律,如图 6-16 所示。

③ 随着顶板厚度的降低(分层数的增加),巷道开挖引起围岩的能量积聚明显降低,如图 6-17 所示。在顶板仅含有一个分层时,积聚的能量达到 5.0×10^5 J,当分层厚度达到 5 层时,积聚的能量仅为 4.0×10^5 J。

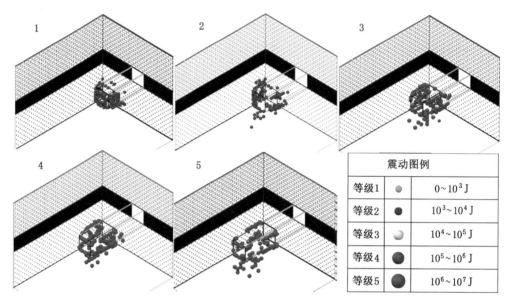

震动图例		
等级 1	●	$0 \sim 10^3$ J
等级 2	●	$10^3 \sim 10^4$ J
等级 3	○	$10^4 \sim 10^5$ J
等级 4	●	$10^5 \sim 10^6$ J
等级 5	●	$10^6 \sim 10^7$ J

图 6-15 不同顶板厚度开掘最大 200 个震源分布图

(图中的数字指 10 m 厚顶板共划分的层数)

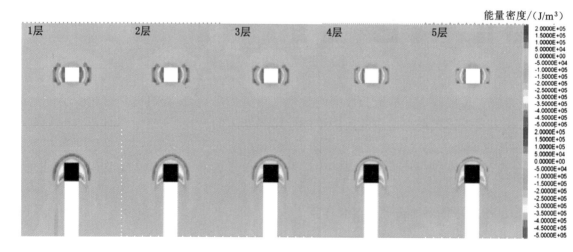

图 6-16 不同顶板厚度开掘能量密度云图

(上层为能量剖面投影,下层为能量水平面投影)

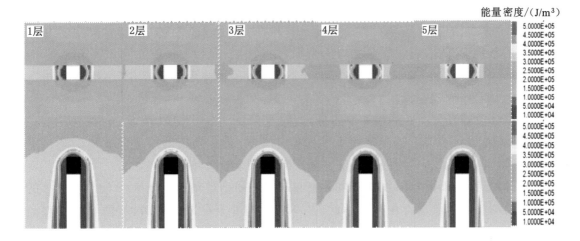

图 6-17 不同煤层厚度开掘剩余能量密度云图
(上层为能量剖面投影,下层为能量水平面投影)

6.4.4.2 震动能量随原岩应力变化特征

图 6-18 为最大能量和平均能量随着顶板厚度的变化曲线。图 6-19 为大能量震源与顶板厚度关系曲线。从图 6-18 和图 6-19 可以得出,震动能量随原岩应力的变化特征如下:

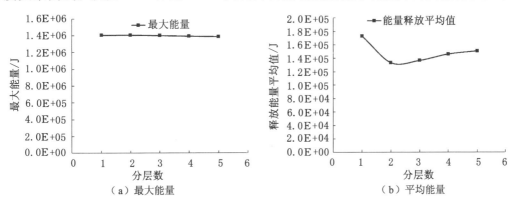

图 6-18 最大能量和平均能量随着顶板厚度的变化曲线

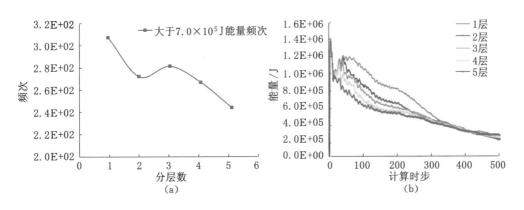

图 6-19 大能量震源与顶板厚度关系曲线

巷道开挖震源的最大能量基本不受到顶板分层数的影响,如图 6-18(a)所示。

巷道开挖震源的能量平均值随着顶板分层数的增加先降低后逐渐增大。如在顶板仅分为 1 层时的条件下开挖,震源能量平均值为 1.73×10^5 J,而当在顶板分为 2 层条件下开挖,震源能量平均值达到 1.33×10^5 J,震源能量降低;当顶板分层达到 5 层时,震源能量达到 1.51×10^5 J,能量再次增大。

大能量频次随着分层数的增加而降低,如图 6-19(a)所示。如在顶板分层为 1 层的条件下开挖,震源能量大于 7.0×10^5 J 的事件发生 306 次,当在顶板分层达到 5 层的条件下开挖,震源能量大于 7.0×10^5 J 的事件发生频次降低至 245 次,降低了 61 次。

巷道开挖后,在顶板分层数较少的情况下开挖的初始震动能量要大于分层数较多的情况下开挖的初始震动能量。在开挖后的前 300 步,随着分层数的增加,震动能量在逐渐减小,如图 6-19(b)所示。

6.5　大直径钻孔卸压参数优化技术

大直径卸压钻孔是在具有高应力的煤体内实施大直径钻孔。钻孔后,钻孔周围的煤体受力状态发生了变化,使煤体应力降低,支承压力的分布发生了变化,应力峰值位置向煤体深部转移。卸压钻孔的效果受多种因素的影响,如煤体应力、煤体破碎性、煤体物理性质参数,本书以张双楼煤矿延深采区的 7 煤层为研究对象,运用数值分析手段对张双楼煤矿卸压钻孔进行分析和优化。

6.5.1　不同孔径钻孔对围岩应力分布的影响

图 6-20 为不同孔径钻孔的围岩垂直应力分布图,图中模拟的孔间距均为 1 m。从图中可以看出,直径为 60 mm 和 80 mm 的钻孔,在钻孔的上方和下方形成应力降低区,高度在 0.5～1.0 m 之间,范围较小,钻孔上下的应力降低区未能连通,卸压效果不好。随着钻孔孔径增大到 100 mm,钻孔上方形成高度约为 3 m 的应力降低区,且应力降低区连通,但是连通的应力降低区较小;钻孔下方的应力降低范围高度约为 1.2 m,但仍未连通,下方的卸压效果一般。当钻孔孔径增大到 120 mm 时,钻孔上下方的应力降低区均已连通,上方约有高度为 4 m 的应力降低区,下方的应力降低区高度约为 2 m,且应力降低范围增大,卸压效果比较好。当钻孔孔径增大到 140 mm 和 160 mm 时,钻孔上方和下方连通的应力降低区范围进一步增大,卸压效果更好。140 mm 孔径的上方应力降低区高度约为 5 m,下方的应力降低区高度约为 3 m;160 mm 孔径的上方应力降低区高度约为 5.2 m,下方的应力降低区高度约为 3.5 m。随着钻孔孔径增大到 180 mm 和 200 mm,应力降低区范围进一步增大,但增加幅度较小。

综合对钻孔围岩垂直应力分布、孔间垂直应力分布、围岩应力降低区范围及钻孔周围塑性区分布的分析,得到随着钻孔孔径的增大,大直径钻孔卸压效果越来越好。但是随着钻孔孔径的增大,孔间应力集中加剧,所以钻孔孔径并不是越大越好,而是应该处理好钻孔孔径与应力降低范围和孔间应力集中的关系。在现场实践中,随着钻孔直径的增大,卡钻的频次越来越高,且诱发孔内冲击的可能性越来越大。所以综合考虑卸压效果、孔内冲击、钻孔器具因素,钻孔孔径在 120 mm、140 mm、160 mm 和 180 mm 时为比较好的卸压直径选择,钻孔孔径大于 250 mm 的不建议使用。

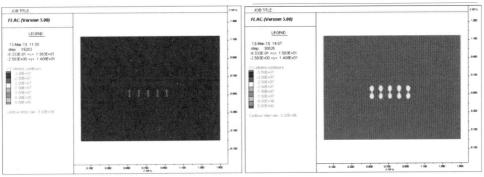

（a）钻孔孔径为60 mm垂直应力分布图　　　　（b）钻孔孔径为80 mm垂直应力分布图

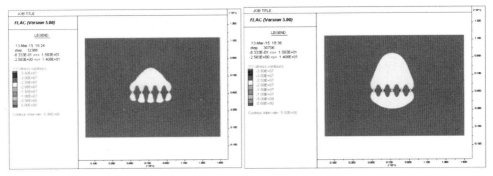

（c）钻孔孔径为100 mm垂直应力分布图　　　　（d）钻孔孔径为120 mm垂直应力分布图

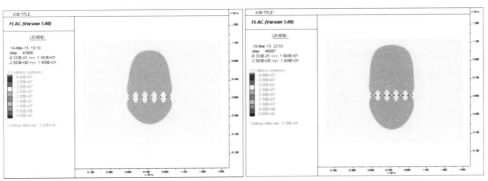

（e）钻孔孔径为140 mm垂直应力分布图　　　　（f）钻孔孔径为160 mm垂直应力分布图

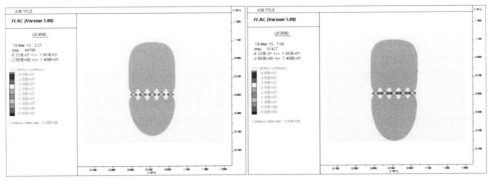

（g）钻孔孔径为180 mm垂直应力分布图　　　　（h）钻孔孔径为200 mm垂直应力分布图

图 6-20　不同孔径钻孔围岩垂直应力分布图

6.5.2 不同孔间距钻孔对围岩应力影响

将直径为 120 mm、140 mm、160 mm、180 mm 和 200 mm 的钻孔在不同间距下的垂直应力降低区高度分别统计，然后绘制出如图 6-21 所示的曲线图。

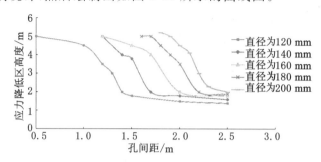

图 6-21　不同直径的钻孔应力降低区高度随孔间距变化曲线

通过对图 6-21 进行分析可得：当钻孔孔径为 120 mm 时，随着孔距的增大，钻孔上部垂直应力降低区高度逐渐减小，由 1.0 m 增加到 1.2 m 时应力降低区高度减小趋势最为明显，当增大到 1.5 m 时，应力降低趋势减缓。当钻孔孔径为 140 mm 时，钻孔孔距由 1.5 m 增加到 1.7 m 时应力降低区高度减小趋势最为明显，当增大到 2.0 m 时，趋势减缓。当钻孔孔径为 160 mm 时，随着孔距的增大，钻孔上部垂直应力降低区高度逐渐减小，由 1.5 m 增加到 2.0 m 时应力降低区高度减小趋势最为明显，钻孔孔距继续增大，应力降低趋势减缓。当钻孔孔径为 180 mm 时，随着孔距的增大，钻孔上部垂直应力降低区高度逐渐减小，由 1.7 m 增加到 2.2 m 时应力降低区高度减小趋势最为明显，大于 2.2 m 后随着钻孔孔距的继续增大，应力降低趋势减缓。当钻孔孔径为 200 mm 时，随着孔距的增大，钻孔上部垂直应力降低区高度逐渐减小，由 1.8 m 增加到 2.3 m 时应力降低区高度减小趋势最为明显，钻孔孔距大于 2.3 m 后，随着孔距的继续增大，应力降低趋势减缓。由文献研究可知，如果钻孔孔距过小，即小于 0.6 m 时，会造成过度卸压，不利于巷道支护，所以钻孔孔距不宜过小。

综合钻孔的垂直应力分布，钻孔上方和下方的应力降低区的连通程度，垂直应力降低区高度和巷道支护等因素可得：当钻孔孔径为 120 mm 时，较好的钻孔间距为 1.0 m；当钻孔孔径为 140 mm 时，较好的孔距为 1.2 m；当钻孔孔径为 160 mm 时，较好的孔距为 1.5 m；当钻孔孔径为 180 mm 时，较好的孔距为 1.7 m；当钻孔孔径为 200 mm 时，较好的孔距为 1.8 m。

6.5.3 不同深度钻孔对围岩应力影响

在开挖的巷道两帮实施大直径钻孔，钻孔孔径为 200 mm，钻孔深度分别为 3 m、5 m、10 m、15 m，取距离钻孔上方 2.4 m 处为切线位置，得到以不同深度钻孔的垂直应力分布图，如图 6-22 所示。

由不同钻孔深度垂直应力分布图可以得到在巷道两帮实施卸压钻孔措施后的应力变化及应力降低范围。从图 6-22(a)可以得出：当卸压钻孔深度为 3 m 时，巷道上部和底板位置的垂直应力降低范围增大，两帮垂直应力降低，应力集中转移至钻孔端部，但转移的距离不够，距离巷道仍处于近距离范围内，应力峰值为 30.53 MPa，距离巷帮 7.3 m 左右，卸压效果不好。

当钻孔深度增加到 5 m 时，应力降低区范围增大，巷道处于应力降低区范围内，应力值

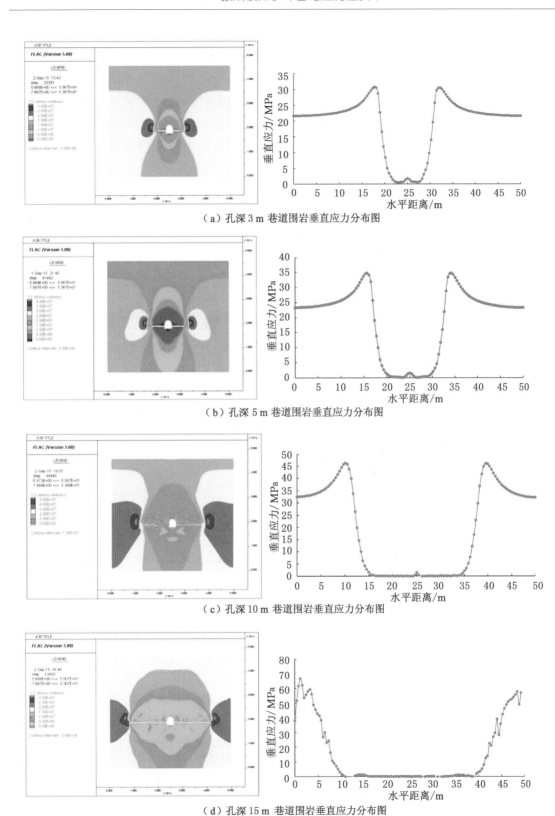

（a）孔深 3 m 巷道围岩垂直应力分布图

（b）孔深 5 m 巷道围岩垂直应力分布图

（c）孔深 10 m 巷道围岩垂直应力分布图

（d）孔深 15 m 巷道围岩垂直应力分布图

图 6-22　不同钻孔深度巷道围岩垂直应力分布及变化图

为 0～5 MPa,应力集中区域转移至钻孔端部,其应力峰值为 34.83 MPa,应力较大,距离巷道 9.3 m 左右,巷道围岩垂直应力分布如图 6-22(b)所示。当钻孔深度由 3 m 增加至 5 m 时,应力集中程度增加,应力向更深处转移。

当钻孔深度增加到 10 m 时,巷道处于应力更低的卸压区内,外围的卸压范围更大,应力集中区域转移至钻孔端部,距离更远。巷道周围的应力峰值为 46.31 MPa,距离巷帮约 14.52 m。这说明当钻孔深度达到 10 m 时,其转移集中应力的效果增强,但是在钻孔端部形成的应力集中加剧。巷道围岩垂直应力分布如图 6-22(c)所示。

当钻孔深度增加到 15 m 时,巷道围岩垂直应力分布如图 6-22(d)所示,应力峰值为 57.80 MPa,峰值位置距巷帮 23.22 m 左右,此距离已经足够保护巷道免受应力集中破坏。

将巷道未进行钻孔卸压和实施不同钻孔深度卸压措施时的巷道围岩垂直应力绘制成如图 6-23 所示的曲线图,巷道围岩新应力峰值及位置与钻孔深度的关系如图 6-24 所示。对图进行分析可以得到:未进行钻孔卸压之前,巷道围岩应力峰值距离巷道较近;当实施钻孔卸压措施后,随着钻孔深度的增加,巷道围岩应力峰值逐渐远离巷道,钻孔深度由 3 m 增加到 15 m 的过程中,新应力峰值逐渐增大。这说明当钻孔深度延深至原来应力峰值区时,形成了有效卸压场,应力集中区的高应力一部分沿钻孔释放,另一部分转移至更深部的稳定围岩中,卸压后,巷道围岩的垂直应力峰值基本位于钻孔端部,与巷道中心的距离基本与钻孔深度的增幅保持一致;并且随着钻孔深度的增加,峰值量值呈现逐渐增加的趋势。

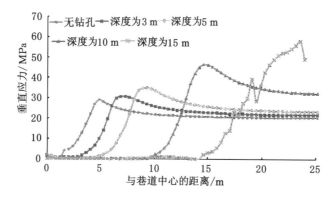

图 6-23　巷道围岩垂直应力分布曲线

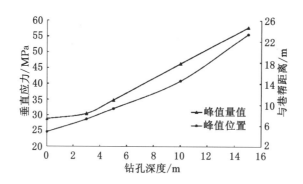

图 6-24　巷道围岩新应力峰值及位置

6.5.4　工程参数

根据张双楼煤矿的数值模拟结果可得,合理的卸压孔孔间距强冲击危险为 $0.8\sim1.6$ m,中等及弱冲击危险为 3 m 左右;卸压孔深度为 15 m;卸压孔孔径不得低于 100 mm,最大不超过 200 mm。

6.6　煤层巷道掘进防冲支护参数优化技术

6.6.1　锚杆长度对巷道围岩控制作用影响

在模拟分析锚杆长度对巷道围岩变形影响规律时,锚杆长度分别设置为 1.6 m、1.8 m、2.0 m、2.2 m、2.4 m,锚杆直径设置为 22 mm,间排距设置为 0.8 m,然后就可以得到在不同锚杆长度情况下的顶底板移近量和两帮移近量最大值曲线,如图 6-25 和图 6-26 所示。

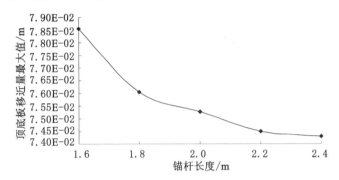

图 6-25　不同锚杆长度下巷道顶底板移近量变化规律

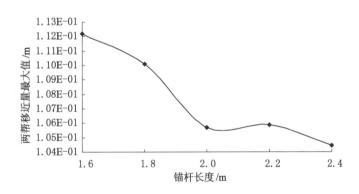

图 6-26　不同锚杆长度下巷道两帮移近量变化规律

从图 6-25 可以看出,在同一巷道围岩条件下,锚杆直径、锚杆支护密度相同,巷道围岩顶底板移近量随锚杆长度的增加而减小。根据模拟结果,当锚杆长度从 1.6 m 增加到 1.8 m 时,顶底板移近量减小约 2 mm;当锚杆长度从 1.8 m 增加到 2.0 m 时,顶底板移近量减小 0.8 mm;当锚杆长度从 2.0 m 增加到 2.2 m 时,顶底板移近量也减小 0.8 mm;当锚杆长度从 2.2 m 增加到 2.4 m 时,顶底板移近量减小 0.2 mm。因此可以说,当锚杆长度增加到 2.0 m 左右时,若再增加锚杆长度对巷道顶底板移近量控制作用效果不大。

从图 6-26 可以看出,在同一巷道围岩条件下,锚杆支护密度相同,巷道围岩两帮移近量整体随锚杆长度的增加而减小,在锚杆长度超过 2.0 m 时出现小范围波动。根据模拟结果,当锚杆长度从 1.6 m 增加到 1.8 m 时,两帮移近量减小 2 mm;当锚杆长度从 1.8 m 增加到 2.0 m 时,两帮移近量减小 4.4 mm,减小幅度最大;当锚杆长度从 2.0 m 增加到 2.4 m 时,两帮移近量减小不明显,并且在 2.2 m 时出现小范围波动。因此可以说,当锚杆长度超过 2.0 m 时,若再增加锚杆长度对巷道两帮移近量控制作用效果不大。

通过对锚杆长度影响巷道顶底板与两帮移近量的模拟分析,说明锚杆长度确实对巷道围岩变形量起到控制作用,但锚杆过长对控制巷道围岩变形量作用不大。本次模拟结果显示,在本模型结构下,锚杆长度选取 2.0 m 较为合适。

6.6.2 锚杆直径对巷道围岩控制作用影响

在模拟分析锚杆长度对巷道围岩变形影响规律时,锚杆长度设置为 2.0 m,锚杆间排距设置为 0.8 m,锚杆直径分别设置为 16 mm、18 mm、20 mm、22 mm、25 mm,然后可以得到在不同锚杆直径情况下的巷道两帮移近量和顶底板移近量最大值曲线,分别如图 6-27、图 6-28 所示。从图可以得出以下结论:

在其他因素不变的条件下,巷道围岩顶底板移近量和两帮移近量随锚杆直径的增加而减小,并且随锚杆直径的增加,围岩变形量减小的幅值相差无几;锚杆直径的变化对两帮移近量的影响高于其对顶底板移近量的影响。

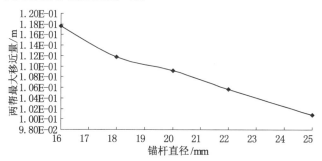

图 6-27 不同锚杆直径对巷道两帮移近量影响规律

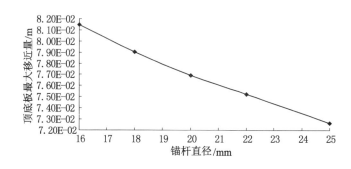

图 6-28 不同锚杆直径对巷道顶底板移近量影响规律

6.6.3 不同能量级动载对锚杆轴力影响

图 6-29 为不同能量级动载施加条件下,锚杆各单元轴力随加载时间的变化规律。从图可以看出:不同能量级矿震加载条件下,锚杆轴力随时间变化规律相似,只是变化幅度不同;在应力波影响下,锚杆轴力出现振幅不同的周期震动,之后迅速上升达到最大值,并保持稳定;能量为 10^3 J 的矿震对锚杆轴力影响较小,靠近巷道表面的锚杆单元如 1、3、5、7 单元,锚杆轴力变化不大,在靠近震源侧的锚杆单元轴力有所增大,锚杆 10 单元轴力增量为 20 kN

左右,锚杆轴力达到 110 kN;能量为 10^4 J 的矿震对锚杆轴力影响有所增大,各锚杆单元轴力有所增加,靠近震源侧的锚杆 8、10 单元轴力达到 140 kN;能量为 10^5 J 的矿震对锚杆轴力影响较大,靠近震源侧的锚杆 8、10 单元轴力达到 210 kN,若锚杆屈服强度较小,在矿震能量达到 10^5 J 时,锚杆已经被拉断失效;能量达到 10^6 J 时,锚杆轴力达到了 400 kN,超出了锚杆所能承受的极限拉力,锚杆被拉断失效。

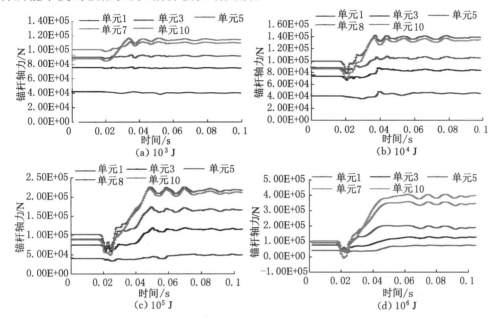

图 6-29 不同能量级动载下锚杆轴力随加载时间的变化规律

综上所述,不同能量级动载对近震源位置处锚杆单元扰动较大,锚杆中 10 单元受到动载扰动最大,而锚杆 1 单元受到的扰动较小,并且在近震源处锚杆单元轴力相差不大,而在远离震源处锚杆单元轴力下降较快,说明在锚杆深处单元轴力较大,承受了较大的围岩-锚杆结合体之间剪切力。

图 6-30 为不同能量级矿震扰动下锚杆轴力随其长度的变化规律。从图 6-30 可以看出:在能量为 10^3 J 和 10^4 J 矿震扰动下,锚杆轴力增量不大,几乎没有影响,在距离震源最近处,锚杆轴力分别增加约 25 kN 和 50 kN;能量达到 10^5 J 的矿震对巷道影响较大,锚杆轴力增加显著,最大增量为 120 kN;能量为 10^6 J 的矿震,锚杆轴力增量为 300 kN,锚杆破断失效;在靠近巷道表面侧,锚杆单元轴力增量不大,矿震主要影响靠近震源侧的锚杆单元。因

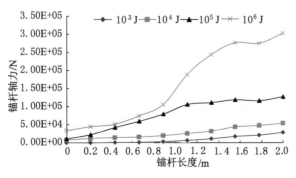

图 6-30 不同能量级矿震扰动下锚杆轴力随锚杆长度的变化规律

此,锚杆在矿震扰动下发生破断大都发生在锚杆中点及中点靠震源侧位置。

根据上述分析,若在顶板关键层位置处(距离巷道 17 m)发生能量大于 10^5 J 的矿震时,应密切关注锚杆支护情况,更换屈服失效锚杆。

6.6.4 应力波扰动下锚杆长度对巷道围岩控制作用

图 6-31、图 6-32 为不同锚杆长度支护条件下,在能量为 10^6 J 的矿震扰动下巷道顶板最大下沉量与两帮最大移近量的变化情况。从图 6-31 和 6-32 可以看出:锚杆长度越长,顶板最大下沉量越小,锚杆长度为 1.6 m 时,顶板最大下沉量达到 130 cm,锚杆长度为 1.8 m 时,顶板最大下沉量为 115 cm 左右,当锚杆长度分别为 2.0 m、2.2 m、2.4 m 时,顶板最大下沉量相差不大,均为 105 cm 左右,说明在应力波扰动下,锚杆长度过长对控制巷道顶板下沉量影响不大,从顶板下沉量的角度来说,锚杆长度选择 2.0 m 较为合适。锚杆长度对巷道两帮变形量影响呈现出相同的规律,当锚杆长度由 1.6 m 提升到 1.8 m 时,巷道两帮变形量明显减小;当锚杆长度大于 1.8 m 时,锚杆长度的增加对巷道两帮变形量的影响不大。

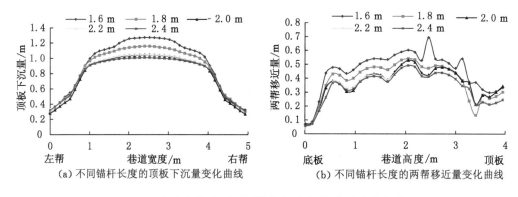

(a)不同锚杆长度的顶板下沉量变化曲线　　(b)不同锚杆长度的两帮移近量变化曲线

图 6-31　应力波扰动下不同锚杆长度的巷道围岩变化曲线

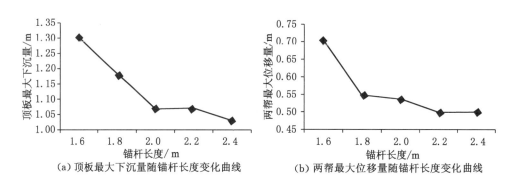

(a)顶板最大下沉量随锚杆长度变化曲线　　(b)两帮最大位移量随锚杆长度变化曲线

图 6-32　应力波扰动下不同锚杆长度巷道围岩最大变形量

图 6-33 为不同锚杆间距支护条件下,在能量为 10^5 J 的矿震扰动下巷道顶板下沉量与两帮移近量的变化曲线。从图中可以看出:锚杆间距对巷道两帮变形量的影响小于顶板下沉量;锚杆间距较小时,巷道顶板下沉量与两帮变形量均较小。

6.6.5 加锚网支护巷道围岩变形与锚杆轴力变化规律

锚网结构在支护系统中起到重要的作用。对于无冲击危险性巷道,锚网结构主要起到以下作用:① 维护锚杆间的围岩,防止松动的小围岩掉落;② 对巷道表面提供一定的支持力,一定程度上改变了巷道围岩表面岩层的受力情况;③ 使巷道围岩深部仍处于三向受力

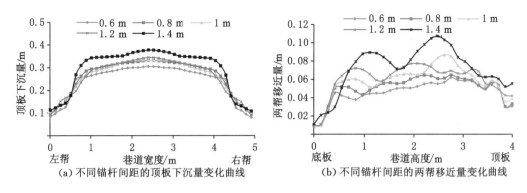

(a) 不同锚杆间距的顶板下沉量变化曲线　　(b) 不同锚杆间距的两帮移近量变化曲线

图 6-33　应力波扰动下不同锚杆间距的巷道围岩变化曲线

状态,提高了岩体的稳定性。而对于有冲击危险性巷道,锚网结构本身作为具有弹性收缩能力的材料,具有吸收部分动能的能力,还可以防止因冲击造成的岩体蹦出对人体的威胁。

图 6-34 为有无锚网支护条件下巷道顶底板和两帮移近量的变化规律。由图 6-34 可以看出,加锚网支护条件下,巷道顶底板移近量减小了 20 cm 左右,巷道两帮移近量变化平缓;不加锚网支护条件下两帮移近量发生突变,说明锚网比较有效地起到了维护巷道稳定性的作用,并且使巷道表面受力均匀,防止因受力不均造成巷道表面某处压力过大,煤岩体弹射出来,造成伤亡事故。

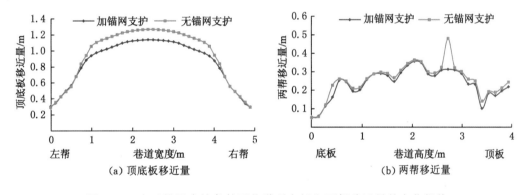

(a) 顶底板移近量　　　　　　　　(b) 两帮移近量

图 6-34　有无锚网支护条件下巷道顶底板和两帮移近量的变化规律

图 6-35 为有无锚网条件下锚杆轴力随动载时间的变化规律,表明锚网支护对锚杆轴向力影响不大。有锚网支护下巷道变形量减小显著,锚杆轴力变化不大,说明锚网结构主要承担了让压的作用,动载扰动下并没有起到对巷道的抗压作用。

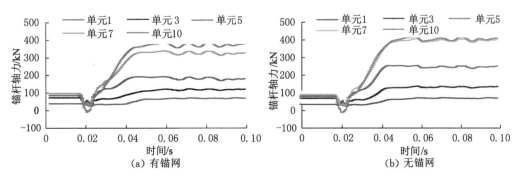

(a) 有锚网　　　　　　　　　　(b) 无锚网

图 6-35　有无锚网条件下锚杆轴力随动载时间变化规律

（1）锚网支护条件下,支承压力增压区减小,对巷道维护起到较好的作用。锚杆长度确实对巷道围岩变形量起到控制作用,但锚杆过长对控制巷道围岩变形量作用不大。

（2）全长锚固锚杆的轴力随锚杆长度的增加先增加后减小,在中间某一位置达到最大值,此处也是锚杆剪力为零处,称之为中性点;在静力条件下,锚杆长度的增加,并没有对锚杆轴力峰值产生影响,相同地质条件下,锚杆轴力最大值不变,因此不能借助增加锚杆长度来防止锚杆被拉断。

（3）应力波施加后,锚杆轴力并没有立即发生变化,当应力波对锚杆轴力产生影响后,锚杆轴力发生震动,幅值与锚杆方位和距震源距离有关,而后锚杆轴力迅速上升达到极值并保持稳定。动载条件下锚杆轴力峰值点位置与静载条件下相同;峰值点位置处锚杆轴力变化幅度最大;垂直于顶板的锚杆轴力波动较大,说明顶板围岩受到应力波扰动影响较大。

（4）应力波能量越大,对锚杆轴力影响越大。锚杆深处的单元轴向力较大,承受了较大的围岩-锚杆结合体之间剪切力,因此锚杆在矿震扰动下发生的破断大都发生在锚杆中点及中点靠震源侧位置;相同矿震条件下,震源位置越近,对锚杆轴力影响越大;不同距离矿震扰动下,锚杆轴力大致呈指数型函数变化,说明应力波在传播过程中呈指数型衰减,距离震源越近,应力波震动幅值衰减速度越快,应力波衰减速度则逐渐减小;应力波频率对锚杆轴力影响较小,主要是因为应力波震动幅值不同,对巷道稳定性及锚杆轴力产生了较大的影响。

（5）在应力波扰动下,锚杆-围岩作为整体来抵抗应力波冲击,根据模拟结果显示,在此模拟条件下,当锚杆长度取 2 m 时,对巷道围岩稳定性起到较好作用;锚网在支护体系中主要起到让压的作用,能有效减小围岩变形量,但不能起到承载作用。

6.6.6 工程参数

根据模拟参数,确定锚杆长度选取 2～3 m 之间较为合适,巷道围岩顶底板和两帮移近量随锚杆直径的增大而减小,根据经济条件尽量选择大直径锚杆,锚杆间距较小时,巷道顶板下沉量与两帮变形量也较小,但是过小容易引起煤体的破碎,且位移降低量趋于稳定,建议间距在 0.8 m 左右。锚网在支护体系中主要起到让压的作用,能有效减小围岩变形量,但不能起到承载作用,因此需要增加防护网。

6.7 构造与煤岩相变区防冲实用技术

6.7.1 煤岩相变区冲击地压机理研究

沉积岩地层在地壳水平运动、升降运动和岩浆侵入等形式作用下,地层破断形成不连续体,失去力的传导作用,形成应力集中,这种地层称为地质异常区。其主要表现形式为断层、褶曲、局部岩性变化、煤层厚度变化及分叉、高水平应力等。地质异常区作为冲击地压发生的重要影响因素已经成为共识,为何地质异常区易发生冲击地压?为了研究这一问题,本节通过类地层模拟实验,配比出不同地层条件,然后加载指定应力实施模拟实验,研究地质异常区在采掘前后的应力状态和破裂特征。

6.7.1.1 煤岩相变区诱冲试验方案

（1）试验目的和内容

运用一定材料配比出类似煤、坚硬岩石、软弱岩石三种材料,运用这三种类地层材料分别配比出正常地层、断层、煤厚变化、局部岩性变化、岩浆侵入等特征的类地层试块,研究不同地层结构在原岩应力状态下掘进前后应力、能量演化特征。此外,为了研究深部高应力、高水平应力、褶曲高应力问题,对正常地层试块指定方向施加高应力进行钻进,研究高应力状态下应力、能量演化特征,具体为:

① 研究正常地层试块在初始应力状态下的应力、能量分布特征,钻进后的试块应力、能量分布特征。

② 研究煤层厚度变化试块在初始应力状态下的应力、能量分布特征,钻进后的试块应力、能量分布特征。

③ 研究岩浆侵入区试块在初始应力状态下的应力、能量分布特征,钻进后的试块应力、能量分布特征。

④ 研究光滑断层面、破碎断层面在原岩应力状态下的应力、能量分布特征。

⑤ 研究顶板条件变化试块在初始应力状态下的应力、能量分布特征,钻进后的试块应力、能量分布特征。

对上述异常区试验结果进行归纳总结,确定地质异常区掘进应力及破坏演化特征,确定地质异常区易发生冲击地压的原因。

(2)试验方案

① 煤岩配比及力学测试

通过查找文献得到各种材料配比的单轴抗压强度及本次类地层试验所需的试样强度范围,最终确定以砂子、石子为骨料,以水泥、石膏为胶结材料。根据材料的强度值,经反复调整,最终获得类煤、类软岩和类硬岩材料的最佳配比。经过试验得出选用石子直径小于10 mm,沙子直径介于20~60目,水泥选用强度为32.5(R),所采用相似配比的质量比例如表6-2所列。对于配制完成的试块,进行30 d晾晒。

表 6-2　类煤岩材料配比参数

名称	水泥	水	沙子	石膏	碎石
类坚硬岩石试样	0.192	0.073	0.213	/	0.520
类软弱岩石试样	0.115	0.080	0.345	/	0.460
类煤试样	0.210	0.264	0.316	0.210	/

各种试块的测试结果如表6-3所列,制作的类坚硬岩石试块、类软弱岩石试块和类煤试块的密度分别为2 316.48 kg/m³、2 201.39 kg/m³、1 527.09 kg/m³;现场煤系地层岩体的平均密度为1 600~4 200 kg/m³,煤层的平均密度为1 300~1 500 kg/m³,所制作的试块密度基本在允许范围之内。

表 6-3　相似试块力学参数

试块强度	编号	声速/(m/s)	峰值应力/MPa	高度/mm	直径/mm	质量/g	密度/(kg/m³)
弱	A	1 250	3.41	90	50	280	1 584.48
	B	1 300	3.43	95	50	280	1 501.08
	C	1 300	3.35	95	50	279	1 495.72
	平均	1 283.33	3.40	93.33	50	279.67	1 527.09

表 6-3(续)

试块强度	编号	声速/(m/s)	峰值应力/MPa	高度/mm	直径/mm	质量/g	密度/(kg/m³)
中等	D	1 729	6.43	112	50	482	2 191.79
	E	1 700	6.47	111	50	481	2 206.95
	F	1 772	6.65	112	50	485	2 205.43
	平均	1 733.67	6.52	111.67	50	482.67	2 201.39
强	G	1 950	19.58	94	50	426	2 308.09
	H	2 080	19.11	93	50	428	2 343.86
	I	2 000	19.15	90	50	406	2 297.49
	平均	2 010.00	19.28	92.33	50	420.00	2 316.48

通过声波测试,所制备的三种试块波速如表 6-3 所列,分别为 1 283.33 m/s、1 733.67 m/s、2 010.00 m/s,实际地层中煤层纵波波速为 800～1 500 m/s,沉积岩石纵波波速为 1 300～4 800 m/s,所配材料在波速允许范围之内。

所制作的三种试块的单轴压缩应力应变曲线如图 6-36 所示,所制试块及试验照片如图 6-37 所示。由图 6-36 可知,所制作的试块的离散性较小,每一种类型试块之间峰值强度相差较小;所制类煤试块、类软弱岩石试块和类坚硬岩石试块的单轴抗压强度分别为 3.4 MPa、6.52 MPa、19.28 MPa。自然界中的煤的强度为 3～30 MPa,弱岩石为 10～50 MPa,坚硬岩石为 50～190 MPa,所制试块与实际试块的强度比大约在 1：2～1：10 之间。

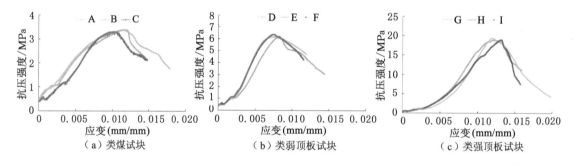

图 6-36 试块应力应变曲线

② 复杂地质条件地层试样配制

本次试验所配制的类地层试样尺寸为 100 mm×100 mm×100 mm,选用模拟钻进的钻孔直径为 10 mm。根据弹性力学理论,孔的应力影响半径为 3～5 倍孔半径,即 15～25 mm。本试验孔中心距离试样边界为 50 mm,故可忽略试样的边界效应,所使用的材料尺寸和钻孔直径满足要求。所配类地层试样如图 6-38 所示,黑色部分代表类煤材料,标准厚度为 20 mm(煤厚变化地层厚度最大增加至 60 mm),位于试块的中央;"强"代表类坚硬岩石材料,"弱"代表类软弱岩石材料,位于顶底板,二者均厚 40 mm。部分试块实物图如图 6-39 所示。

③ 掘进试验方案设计

本试验设计的模拟开采深度为 1 000 m,在静水压力条件下此开采深度的静水压力为 25 MPa。上一节提到所配比的材料强度与实际煤岩强度比值为 1：2～1：10 之间,根据强

(a)

(b)

(c)

图 6-37 所制试块及实验照片

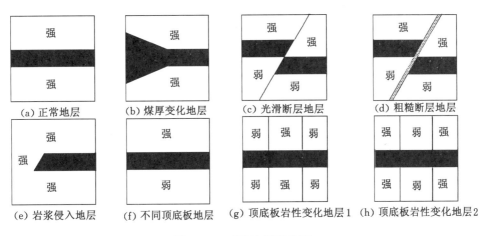

(a) 正常地层

(b) 煤厚变化地层

(c) 光滑断层地层

(d) 粗糙断层地层

(e) 岩浆侵入地层

(f) 不同顶底板地层

(g) 顶底板岩性变化地层1

(h) 顶底板岩性变化地层2

图 6-38 不同地层配比图

图 6-39 部分试块实物图

度相似性原则,试验的初始应力为 2.5～12.5 MPa,试验选取 8 MPa 作为 1 000 m 埋深下的地层静水压力状态。试验方案及试样编号如表 6-4 所列。具体试验步骤为:a. 将试块轴向按照 3 mm/min 的速率加载到指定应力状态。b. 保持 x、y、z 三个方向位移不变并持续 6 min,在保压期间对试块进行钻孔。c. 钻孔完成后,将轴向应力按照 3 mm/min 速率加载至初始值的 2 倍,研究钻孔后的试块应力变化特征。需要说明的是研究断层因素时,在试验过程中不进行钻进。本次试验全过程使用声发射进行监测,试块 F、G、H、Q、R、S、T、U 为试验失败试块,未在此列出。

表 6-4　试验初始应力条件

研究内容	试块编号	初始加载侧应力/MPa	初始卸载侧应力/MPa	初始固定侧应力/MPa
正常地层	A	8	8	8
	B	8	8	8
煤厚变化	I	8	8	8
	P	8	8	8
岩浆侵入	N	8	8	8
	O	8	8	8
断层	L	8	8	8
	M	8	8	8
不均匀应力	J	8	8	8
	K	8	8	8
不同顶底板	V	8	8	8
	W	8	8	8

2. 应力、能量演化的表述方法

(1) 波速反演原理

根据声发射探头与震动震源之间的距离 L 与 P 波初至到达时间 T 两个量,按照下述公式来反演划定区域内的波速分布 $V(x,y,z)$ 或慢度 $S(x,y,z) = 1/V(x,y,z)$。在计算过程中,令第 i 个声发射波形的射线路径为 L_i,传播时间为 T_i,则:

$$V = \frac{L}{T} \rightarrow VT = L \tag{6-3}$$

$$T_i = \int_{L_i} \frac{\mathrm{d}L}{V(x,y,z)} = \int_{L_i} S(x,y,z)\mathrm{d}L \tag{6-4}$$

$$T_i = \sum_{j=1}^{m} d_{ij}S_j \quad (i = 1,\cdots,n) \tag{6-5}$$

式中,$V(x,y,z)$ 为 P 波传播速度,L_i 为第 i 个声发射波形的射线路径,T_i 为传播时间,$S(x,y,z)$ 为慢度,d_{ij} 为第 i 条射线在第 j 个立体网格的长度,n 为总射线数量,m 为立体网格的数量。

然而每一个立体网格内的波速、射线长度与穿过时间都是未知的。因此,当大量射线穿过反演区域时,根据公式(6-5)就可建立 M 个关于未知量 S_j 的方程:

$$\begin{cases} T_1 = d_{11}S_1 + d_{12}S_2 + d_{13}S_3 + \cdots + d_{1j}S_j \\ T_2 = d_{21}S_1 + d_{22}S_2 + d_{23}S_3 + \cdots + d_{2j}S_j \\ \cdots\cdots \\ T_i = d_{i1}S_1 + d_{i2}S_2 + d_{i3}S_3 + \cdots + d_{ij}S_j \end{cases} \tag{6-6}$$

其矩阵形式为：

$$T = DS \rightarrow S = D^{-1}T \tag{6-7}$$

式中，T 为每个立体网格内射线的旅行时间（$1\times n$），D 为每个网格内每条射线的长度（$n\times m$），S 为每个立体网格的慢度（$1\times m$）。

根据窦林名教授等的研究，波速与应力成正比，即高波速区对应于高应力区，低波速区对应于低应力区，进而可获得试块的应力分布特征。

（2）能量密度计算

研究表明，震动能量与应力和破裂范围成正相关，同时震动频次和能量与冲击地压的发生息息相关。我们可以通过震动事件的能量和频次来说明应力和冲击特征，但是此种方式对于震源较多时不能够直观地反映，因此本书提出采用能量密度指数的方式做成能量云图，以此来反映试块的能量特征。能量指数的计算公式为：

$$e_i = \lg\left(\sum E_j\right) \tag{6-8}$$

式中，$\sum E_j$ 是第 i 个统计区域的所有微震事件的总和，e_i 为第 i 个统计区域的能量指数。

震动事件通常被看作是点震源，以此来反映震动情况，在进行网格半径计算时也通常将其看作是点震源。为了避免计算过程中震动事件的缺失，进行网格划分时网格长度与计算半径须满足：$S \leqslant \sqrt{2}R$，如图 6-40 所示。在模型中，将煤样划分成边长为 5 mm 的立方体网格，并对每个节点附近区域的能量进行计算，即为 e_i。

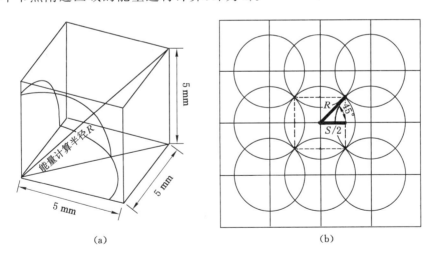

（a）　　　　　　　　　　　（b）

图 6-40　空间统计光滑模型示意图

6.7.1.2　不同地质构造地层掘进前后应力及能量特征

（1）无构造地层掘进前后应力场、能量场演化特征

正常地层试验过程中应力、声发射能量及波速分布如图 6-41、图 6-42 所示。

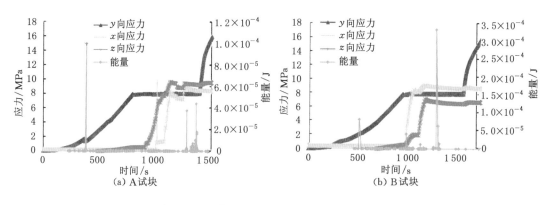

图 6-41　正常地层应力、能量随时间变化曲线

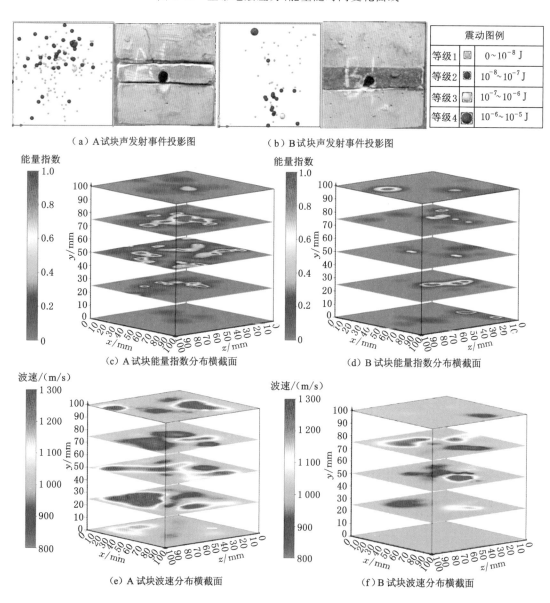

图 6-42　正常地层条件开挖前声发射定位、能量及波速分布图(图中照片为试验后的照片)

由图 6-41 可知,在无构造地层加载过程中仅出现极个别大能量事件,多数事件能量位于 $2.0×10^{-5}$ J 以内。在正常地质条件下加载过程中,由于地质较为均匀,整体声发射数量较少,大能量事件主要分布在顶底板强岩层中,在煤层中几乎没有大能量声发射事件,如图 6-42(a)、(b)所示;从能量云图图 6-42(c)、(d)可以看出,声发射能量主要位于 $y=75$ mm 截面中间局部小范围内,试块 B 同样表现出声发射能量集中于 $z=25$ mm 截面和 $z=100$ mm 截面的局部范围特征。这说明虽然试块为较为均匀试块,但是在加载过程中,试块的破裂并非均匀分布,而是以顶板或者底板中的某一局部区域破坏为主,呈现出局部破坏的特征。

从图 6-42(e)、(f)可以看出,A 试块的低波速区主要位于 $y=75$ mm 截面,最低波速为 515.4 m/s,高波速区主要位于 $y=25$ mm 位置截面,最高波速为 2 030 m/s;B 试块的低波速区主要位于 $y=25$ mm 截面,最低波速为 507 m/s,高波速区位于 $y=75$ mm 截面,最高波速为 2 018 m/s。结合图 6-42(a)、(b)可以得出,低波速区对应事件集中区和高能量密度区,而高波速区对应事件较少和能量密度较低的区域。由于试块在配制过程中很难保证完全均匀,在石子与水泥胶结不好的区域存在空隙,形成低波速区。由于原始空隙的存在,在地层应力作用下,易在此处产生破坏,释放能量,形成高能量密度区。而地层较为完整的区域,声波传播速度快,形成高波速区,由于是整体承载,没有破坏空间,故此区域声发射事件很少发生,形成低能量密度区。

在正常地层开挖后再加载过程中仅存在几个低能量声发射事件,如图 6-43 所示。从图可以反映出正常地层掘进后破裂范围较小,冲击危险性较低。由于声发射事件数量过少无法绘制波速反演图和能量密度图。

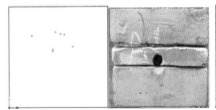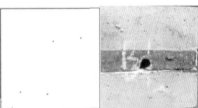

震动图例		
等级1		$0~10^{-8}$ J
等级2		$10^{-8}~10^{-7}$ J
等级3		$10^{-7}~10^{-6}$ J
等级4		$10^{-6}~10^{-5}$ J

（a）A试块声发射事件投影图　　　　（b）B试块声发射事件投影图

图 6-43　正常地层开挖后声发射事件分布图(图中照片为试验后的照片)

(2) 煤厚变化区掘进前后应力场、能量场演化特征

煤厚变化地层试验过程中应力、声发射能量及波速分布如图 6-44 和图 6-45 所示。

由图 6-44 可知,在煤厚变化地层加载过程中其最大声发射能量达到 $2.1×10^{-4}$ J,正常地层加载过程中最大声发射能量仅为 $1.1×10^{-4}$ J。图 6-45(a)、(b)反映出煤厚变化地层相比较于正常地层声发射数量和能量明显增加。声发射事件具有沿着煤厚变化线分布的特征,与煤厚走势较为相同,呈现"V"字形的张开走势。在薄煤层位置,事件数量较少,且以小能量事件为主;当进入煤层厚度变化区后,事件数量明显增加且大能量事件开始出现,声发射事件处于较高水平。从加载阶段的能量指数分布云图图 6-45(c)、(d)可以看出,沿着煤厚变化线为高能量密度区(I 试块的 $x=50$ mm 切片和 P 试块的 $x=50$ mm 切片反映最为明显),所反映出来的规律同声发射事件定位图。

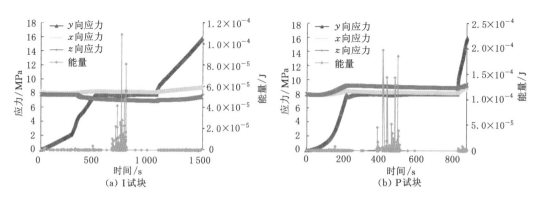

图 6-44 煤厚变化地层应力、能量随时间变化曲线

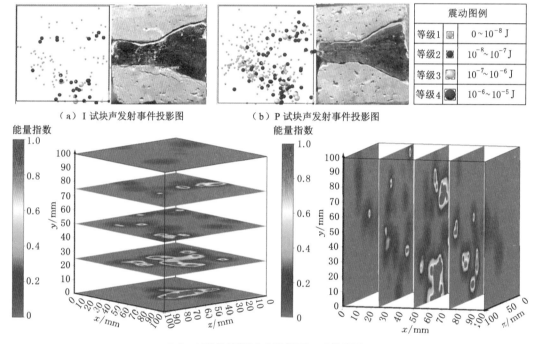

图 6-45 煤厚变化区开挖前声发射定位、能量及波速分布图

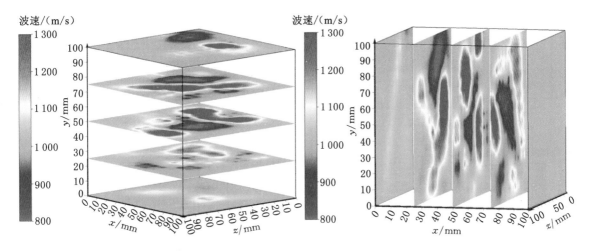

（e）Ⅰ试块波速分布横截面和 x 向纵截面

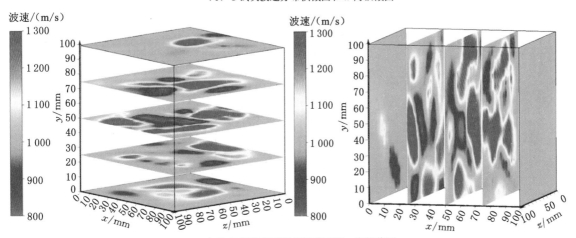

（f）P试块波速分布横截面和 x 向纵截面

图 6-45（续）

由图 6-45（e）、（f）的波速分布可以看出，低波速区主要位于煤厚变化的转折点位置和煤厚变化区，这些区域相应的声发射事件数量较多和能量密度较大；在煤厚变化区域，由于煤层厚度的变化，使得不同煤厚区域地层承载能力发生改变，相比较于煤厚均匀区域更易产生煤岩体的破坏。

在煤厚变化区开挖后再加载过程中，由于钻孔的影响，声发射事件不再沿着煤层厚度变化方向均匀分布，而是呈现集中分布特征；钻孔后再加载的声发射事件数量相比较于加载阶段的声发射事件数量呈现降低的趋势，如图 6-46（a）、（b）所示。从再加载的能量指数分布图可以看出，声发射事件能量相比较于加载阶段，能量密度指数明显减小，高能量密度区零星出现。由图 6-46（e）、（f）可以看出，钻孔后再加载阶段，高波速区域范围大幅度缩小，只在零星区域出现，说明钻孔的煤体整体应力降低量大，裂隙发育程度大。

由煤厚变化区开挖试验发现，煤层厚度变化区由于不同区域煤岩比例的变化，致使煤厚变化区易积聚高应力，易破坏向外部释放大能量声发射事件。在钻孔后，试样的能量密度大幅降低，波速也大幅降低，说明在煤厚变化区掘进后，应力降低剧烈，能量释放剧烈。

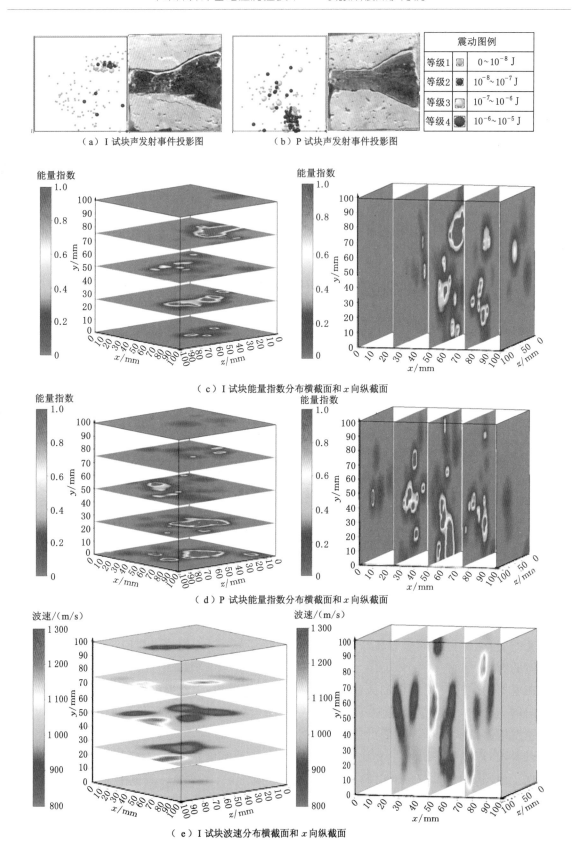

震动图例		
等级1		$0\sim10^{-8}$ J
等级2		$10^{-8}\sim10^{-7}$ J
等级3		$10^{-7}\sim10^{-6}$ J
等级4		$10^{-6}\sim10^{-5}$ J

（a）I 试块声发射事件投影图　　　　（b）P 试块声发射事件投影图

（c）I 试块能量指数分布横截面和 x 向纵截面

（d）P 试块能量指数分布横截面和 x 向纵截面

（e）I 试块波速分布横截面和 x 向纵截面

图 6-46　煤厚变化区开挖后声发射定位、能量及波速分布图

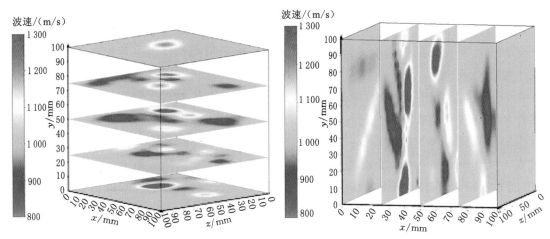

（f）P试块波速分布横截面和x向纵截面

图 6-46（续）

（3）岩浆侵入区掘进前后应力场、能量场演化特征

岩浆侵入区地层试验过程中应力、声发射能量及波速分布如图 6-47 和图 6-48 所示，$x=0\sim40$ mm 范围为岩浆侵入区，N 试块模拟侵入煤层中的坚硬岩石段不规则，与煤层和顶底板的耦合性较差；O 试块模拟侵入的坚硬岩石段规则，与煤层和顶底板的耦合性较好。

由图 6-47 可知，在岩浆侵入地层加载过程中其最大声发射能量达到 3.5×10^{-4} J 和 1.0×10^{-4} J，能量级别较高。岩浆侵入地层开挖前，声发射事件基本分布在侵入段与煤层交界处的竖直线上，形成一条贯穿声发射带，如图 6-48（a）、（b）所示。由图 6-48（c）、（d）可以看出，高能量指数范围较正常地层和煤厚变化地层均较大，能量主要位于侵入段和煤层交界面所形成的竖线上，由上至下形成贯穿（N 试块 $z=25$ mm，$z=50$ mm，$z=75$ mm 切片；O 试块 $z=25$ mm 和 $z=50$ mm 切片）。

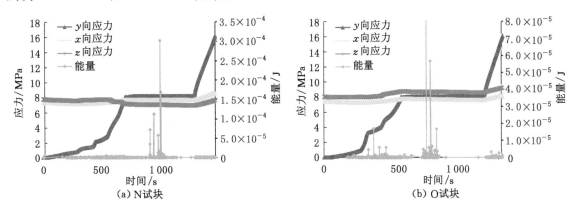

图 6-47　岩浆侵入区地应力、能量随时间变化曲线

N 试块相比较于 O 试块，由于耦合性差，裂隙较为发育，致使其在实验过程中，整体波速值小于试块 O，如图 6-48（e）、（f）所示。不论是 N 试块还是 O 试块，低波速区主要位于侵入段和煤层的交界面位置的竖直面上，这一数值对应于声发射能量多发区和能量密度较高区域。

岩浆侵入地层,由于存在岩浆的侵入,煤层与岩石之间耦合性差,使得此种地层释放的震动能量要远大于正常地层。在侵入段和煤层交界面位置,侵入岩石和煤层承载能力不同,加上交界位置存在大量的原始裂隙,致使煤岩交界面易形成大量的声发射事件,为冲击地压的发生提供动载应力。

在岩浆侵入地层开挖后,大能量震动事件相比较于开挖前岩浆侵入地层大量减少,声发射事件集中分布在钻孔周围。开挖后地层的高能量指数范围较开挖前明显减小,分布在钻孔周围的岩浆侵入区与煤层的分解面位置(N 试块 $z=25$ mm,$z=50$ mm,$z=75$ mm 切片;O 试块 $z=50$ mm 和 $z=75$ mm 切片),如图 6-49(c)、(d)所示。从图 6-49(e)、(f)可以反映出,波速值相较于开挖前整体呈现明显的降低趋势,高波速区范围缩小,低波速区范围增大。

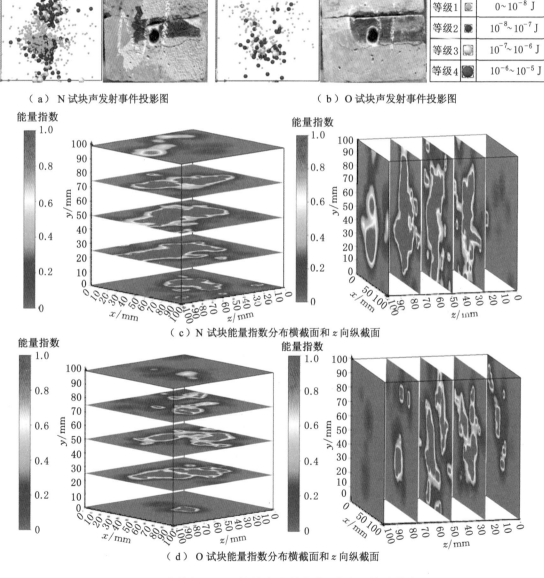

震动图例	
等级1	$0\sim10^{-8}$ J
等级2	$10^{-8}\sim10^{-7}$ J
等级3	$10^{-7}\sim10^{-6}$ J
等级4	$10^{-6}\sim10^{-5}$ J

(a)N 试块声发射事件投影图　　　　　　(b)O 试块声发射事件投影图

(c)N 试块能量指数分布横截面和 z 向纵截面

(d)O 试块能量指数分布横截面和 z 向纵截面

图 6-48　岩浆侵入区开挖前声发射定位、波速及能量分布图

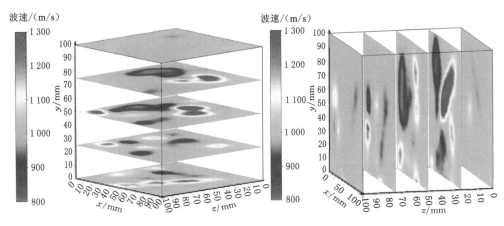

（e）N 试块波速分布横截面和 z 向纵截面

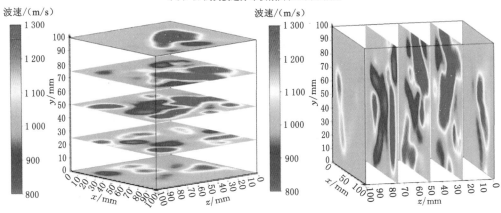

（f）O 试块波速分布横截面和 z 向纵截面

图 6-48（续）

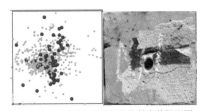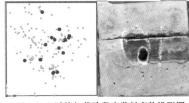

震动图例		
等级1		$0 \sim 10^{-8}$ J
等级2		$10^{-8} \sim 10^{-7}$ J
等级3		$10^{-7} \sim 10^{-6}$ J
等级4		$10^{-6} \sim 10^{-5}$ J

（a）N 试块加载阶段声发射事件投影图　　　（b）O 试块加载阶段声发射事件投影图

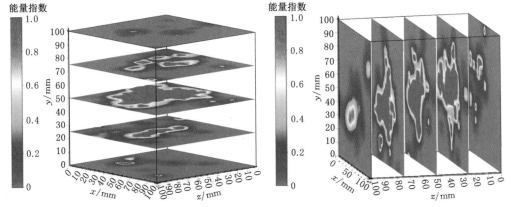

（c）N 试块能量指数分布横截面和 z 向纵截面

图 6-49　岩浆侵入区开挖后声发射定位、波速及能量分布图

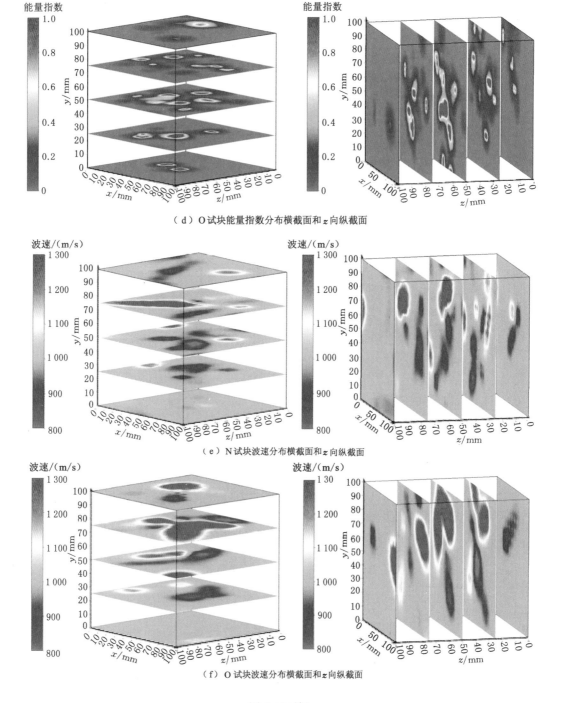

（d）O试块能量指数分布横截面和z向纵截面

（e）N试块波速分布横截面和z向纵截面

（f）O试块波速分布横截面和z向纵截面

图6-49（续）

与开挖前相比，开挖使得火成岩侵入区释放较多的能量，但是震动仍然主要受岩浆侵入影响，震源仍然主要分布在侵入段的交界面上。

（4）顶底板岩性变化区对掘进前后应力场、能量场演化特征

顶底板岩性变化区试验过程如图6-50和图6-51所示。在图6-50中，对于V试块，顶底板沿z方向呈现弱强弱的组合特征，$z=30\sim70$ mm范围内为强岩样，$z=0\sim30$ mm与$z=70\sim100$ mm范围内为弱岩样；对于W试块，顶底板沿z方向呈现强弱强的组合特征，$z=30\sim$

70 mm 范围内为弱岩样,$z=0\sim30$ mm 与 $z=70\sim100$ mm 范围内为强岩样。

由图 6-50 可知,在顶底板岩性变化地层加载过程中其最大声发射能量达到 1.6×10^{-4} J,大能量震动频次较高。顶底板变化区开挖前,声发射事件数量和能量均明显大于在正常地层中掘进,震动事件主要分布在顶底板岩层中,煤层位置主要为小能量事件。从图 6-51(c)、(d)的能量指数云图可知:V 试块的高能量密度区位于 $z=30\sim70$ mm 范围内,此区域正对应于强顶板区;W 试块的高能量密度区则基本分布在顶底板岩层中,且能量密度较大区域主要位于顶板岩性变化的边界位置(切片 $x=25$ mm、$x=50$ mm)。从图 6-51(e)、(f)中的波速分布图可以看出:V 试块和 W 试块出现了大范围的高波速区,意味着试块存在较高应力区。

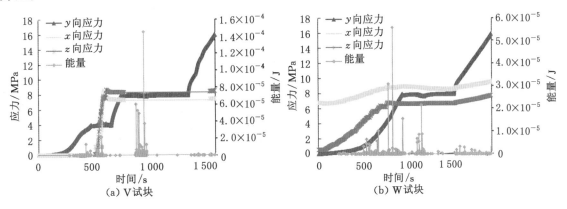

图 6-50　顶底板岩性变化区的应力和能量随时间变化曲线

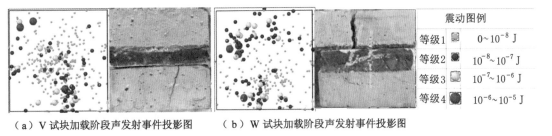

（a）V 试块加载阶段声发射事件投影图　　（b）W 试块加载阶段声发射事件投影图

震动图例		
等级1		$0\sim10^{-8}$ J
等级2		$10^{-8}\sim10^{-7}$ J
等级3		$10^{-7}\sim10^{-6}$ J
等级4		$10^{-6}\sim10^{-5}$ J

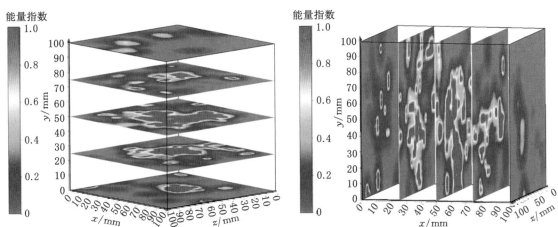

（c）V 试块能量指数分布横截面和 x 向纵截面

图 6-51　顶底板岩性变化条件下,开挖前声发射定位、能量及波速分布图

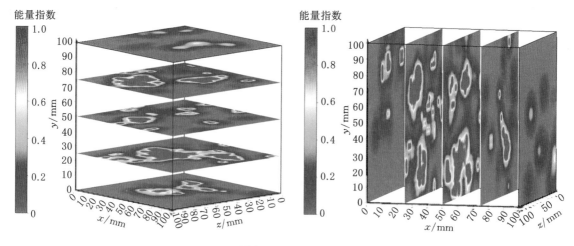

（d）W 试块能量指数分布横截面和 x 向纵截面

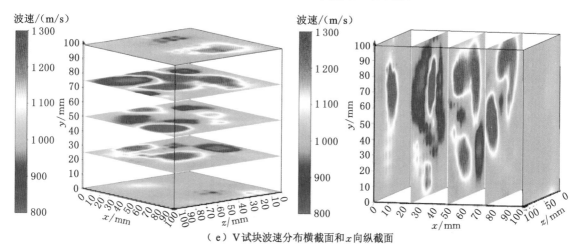

（e）V 试块波速分布横截面和 x 向纵截面

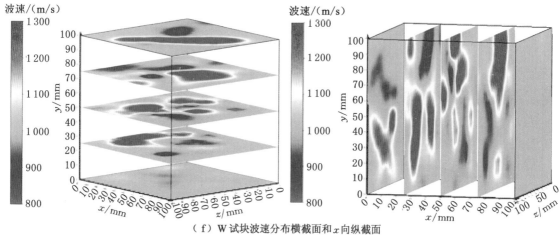

（f）W 试块波速分布横截面和 x 向纵截面

图 6-51（续）

　　顶底板变化区的岩层呈现强弱强的变化特征,不均匀的岩层之间受到应力作用,相互错动,易产生大能量震动,故其冲击危险性强于正常地层条件。顶底板岩层变化,应力承载能力不同,应力分布差异性较大,呈现不同高低应力的特征;顶板强度较大的部分,承载能力强,在顶板强度较大区域易形成应力集中区,试样破坏相对较为严重,如试块 V。

顶底板变化区开挖后,声发射能量和数量较开挖前大幅减少,说明开挖过程中地层能量释放量大;尤其对于 V 试块,开挖后,在坚硬顶板段全部为低能量声发射事件。开挖后高能量密度区呈现零星分布特征,主要位于顶底板岩层中,如图 6-52(c)、(d)所示。开挖后波速不再是高、低波速区剧烈交替出现的情况,波速变化梯度减小,如图 6-52(e)中 $y=25$ mm、$y=75$ mm 切片和图 6-52(f)中 $y=75$ mm 和 $y=100$ mm 切片所示。

在钻孔后,试样的大能量事件、能量密度大幅降低。波速分布梯度减小,说明在顶底板变化区掘进后,应力降低剧烈,能量释放剧烈。

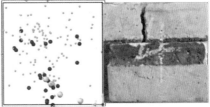

震动图例		
等级1	◌	$0\sim10^{-8}$ J
等级2	◉	$10^{-8}\sim10^{-7}$ J
等级3	○	$10^{-7}\sim10^{-6}$ J
等级4	⬤	$10^{-6}\sim10^{-5}$ J

（a）V 试块声发射事件投影图　　　　（b）W 试块声发射事件投影图

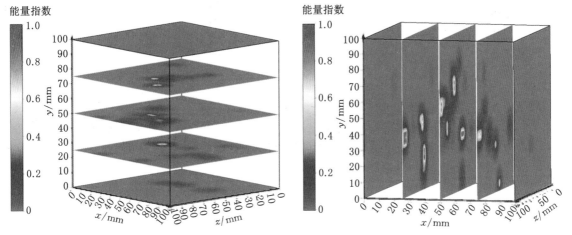

（c）V 试块能量指数分布横截面和 x 向纵截面

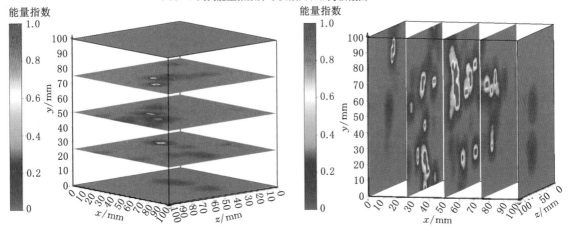

（d）W 试块能量指数分布横截面和 x 向纵截面

图 6-52　不同顶底板岩性变化条件下,开挖后声发射定位、能量及波速分布图

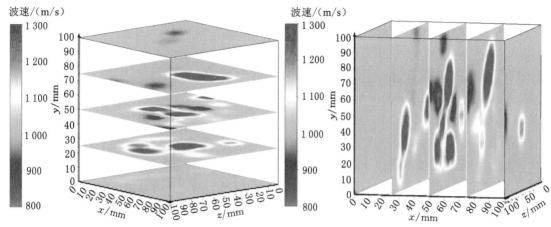

（e）V 试块波速分布横截面和 x 向纵截面

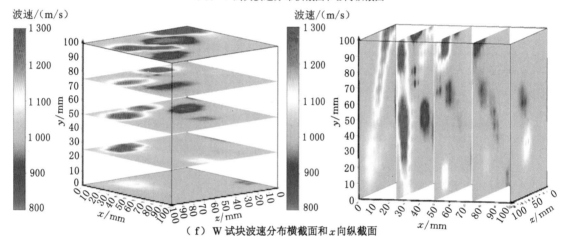

（f）W 试块波速分布横截面和 x 向纵截面

图 6-52（续）

（5）断层区应力场、能量场演化特征

断层地层试验过程如图 6-53 和图 6-54 所示，L 试块的断层面光滑，断层面之间的摩擦系数较小，M 试块的断层面粗糙，断层面之间摩擦系数较大；L 试块的断层面下盘放置在 $z=0\sim70~mm$ 位置，M 试块的断层面下盘放置在 $z=30\sim100~mm$ 位置，如图 6-54（a）、（b）所示。

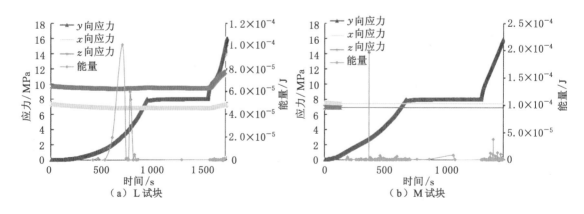

（a）L 试块 　　　　　　　　　　　　（b）M 试块

图 6-53　断层区应力、能量随时间变化曲线

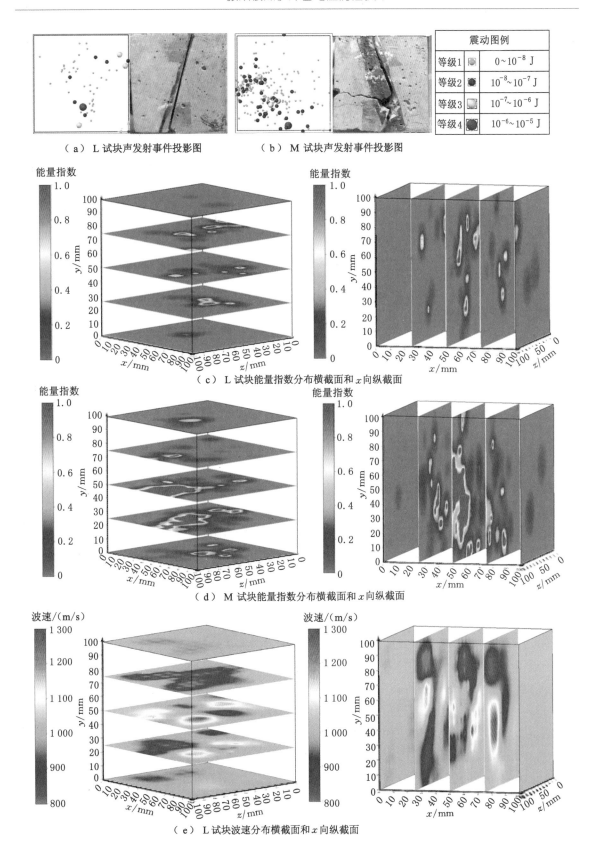

震动图例		
等级1	⬤	$0 \sim 10^{-8}$ J
等级2	⬤	$10^{-8} \sim 10^{-7}$ J
等级3	◻	$10^{-7} \sim 10^{-6}$ J
等级4	⬤	$10^{-6} \sim 10^{-5}$ J

（a）L试块声发射事件投影图　　　（b）M试块声发射事件投影图

（c）L试块能量指数分布横截面和x向纵截面

（d）M试块能量指数分布横截面和x向纵截面

（e）L试块波速分布横截面和x向纵截面

图 6-54　断层区声发射定位、能量及波速分布图

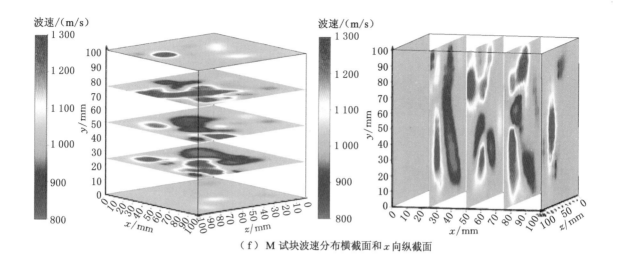

（f）M 试块波速分布横截面和 x 向纵截面

图 6-54（续）

由图 6-53 可知,在断层地层加载过程中其最大声发射能量达到 1×10^{-5} J,光滑断层相比较于粗糙面断层震动频次较低。在断层地层试验过程中,L 试块和 M 试块的声发射事件均主要分布在断层的下盘位置,上盘位置声发射数量较少;光滑断层的小能量事件很少,主要以大能量事件为主,粗糙断层大能量事件数量和光滑断层几乎相当,但是小能量事件所占比重远大于大能量事件。说明光滑断层由于截面摩擦力较小,轻微的裂隙极易引发断层的整体滑移,释放大能量震动事件;对于粗糙断层,粗糙的试块间存在相互耦合作用,呈现逐渐被破坏特征,故释放的小震动数量远大于光滑断层。L 试块由于所产生的声发射数量较少,能量密度分布云图没有明显的规律性;M 试块能量较大区域均位于断层面下盘位置(如 $y=25$ mm、$y=50$ mm 和 $x=50$ mm 切片)。

L 试块整体波速较小,几乎不存在高的波速区,断层面附近存在大量的低波速区(如 $x=25$ mm、$x=50$ mm 切片)。这是由于断层面之间的承载力较小,沿断层面产生滑动,致使断层面的上下盘承受的应力较小;M 试块虽然在断层面附近分布大面积低波速区,但是其同样具有一定范围的高波速区,与光滑断层面存在明显的不同,这说明粗糙断层面相对于光滑断层面来说耦合力较大,且上下盘具有一定的应力承载作用。

（6）不均匀应力条件下掘进前后应力场、能量场演化特征

不均匀应力条件下试验过程如图 6-55 和图 6-56 所示。由图 6-55 可知,在试验过程中,J 试块的高应力位于 $z=50$ mm 切面的顶板位置,向 z 面两侧应力逐渐降低;K 试块的高应力位于 $x=50$ mm 切面的顶板位置,向 x 面两侧逐渐减小。

在不均匀应力条件下试块中,J 试块和 K 试块的声发射事件数量均大于正常地层,声发射事件主要分布在施加高应力的切面周围,且靠近高应力位置的顶板,如图 6-56(a)、(b)所示。J 试块的高能量密度区位于 $z=40 \sim 60$ mm、$y=50 \sim 100$ mm 范围内,K 试块的高能量密度区位于 $z=30 \sim 70$ mm、$y=50 \sim 100$ mm 范围内,如图 6-56(c)、(d)所示,此部分区域正好对应于高应力施加区域。

不均匀地层中,震动事件数量和能量明显多于正常地层,冲击地压危险性较高;高应力位置是试样破坏的主要区域,声发射事件数量基本全部位于此区域。

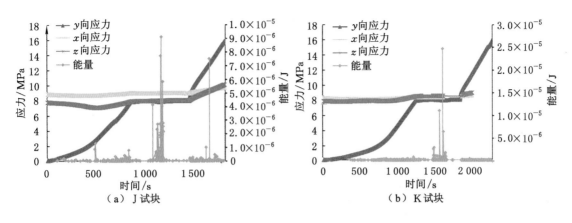

图 6-55 不均匀应力条件下试验中应力、能量随时间变化曲线

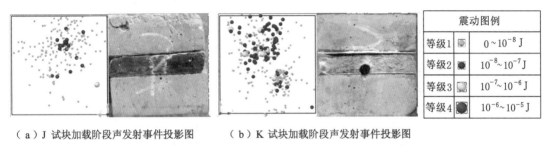

（a）J 试块加载阶段声发射事件投影图　　　（b）K 试块加载阶段声发射事件投影图

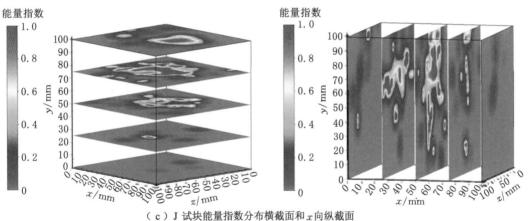

（c）J 试块能量指数分布横截面和 x 向纵截面

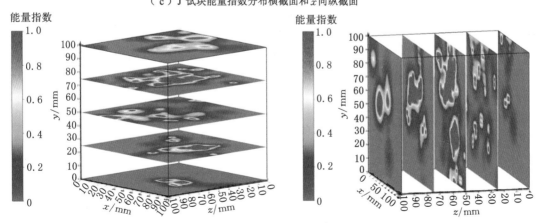

（d）K 试块能量指数分布横截面和 z 向纵截面

图 6-56 不均匀应力条件下，开挖前声发射定位、能量分布图

在不均匀应力条件下开挖后,声发射事件数量和大能量声发射事件明显减少。J 试块和 K 试块的声发射事件向钻孔周围积聚,但声发射事件分布区域仍然位于高应力区域,如图 6-57(a)、(b)所示。钻孔后的高能量密度区范围较钻孔前有明显的缩小,高能量区域位于钻孔周围和高应力区(如 $y=50$ mm、$y=50$ mm 和 $y=75$ mm 切面)。

在不均匀应力地层中,开掘过程释放了较多的能量,但能量仍然高于低应力区,且能量积聚于巷道周围,如图 6-57(c)、(d)所示。

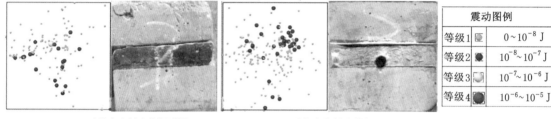

震动图例	
等级1	$0\sim10^{-8}$ J
等级2	$10^{-8}\sim10^{-7}$ J
等级3	$10^{-7}\sim10^{-6}$ J
等级4	$10^{-6}\sim10^{-5}$ J

（a）J 试块声发射事件投影图　　（b）K 试块声发射事件投影图

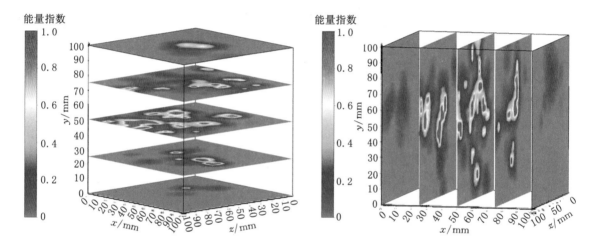

（c）J 试块能量指数分布横截面和 x 向纵截面

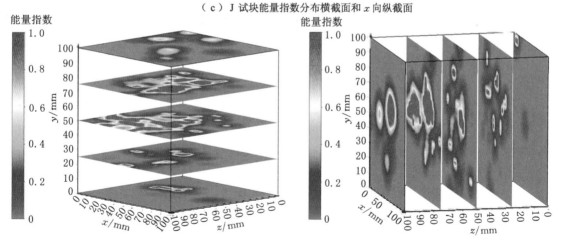

（d）K 试块能量指数分布横截面和 z 向纵截面

图 6-57　不均匀应力条件下,开挖后声发射定位、能量分布图

6.7.1.3　煤岩相变区构造诱发冲击地压机理

根据以上分析,地质异常区对冲击地压的影响主要表现在以下两个方面:

（1）断层、煤层厚度变化区、岩浆侵入、顶底板岩性变化区等地质异常区，由于地质构造作用，使完整的岩层产生破断，形成弱面结构。弱面结构在外界扰动下，附近的微裂隙优先扩展，当裂隙贯通形成大的断裂面时，错动、破断释放大能量震动事件，形成动载源，如图 6-58(a)所示。当震动波传递到巷道表面时，引起巷帮煤体加卸载速率瞬间增加，根据煤巷掘进冲击机理可知，瞬间增加的加卸载速率是诱发煤样冲击破坏的原因之一。

（2）断层、煤层厚度变化区、岩浆侵入、顶底板岩性变化区等形成了局部高应力区。掘进前地质异常区附近初始应力较高，根据煤巷掘进冲击机理可知，初始应力较高时，煤体易达到冲击地压发生的临界值，如图 6-58(b)所示。

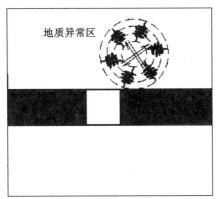

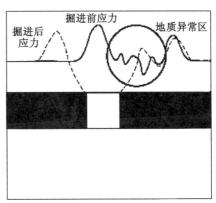

（a）地质异常区易错动、破断释放能量瞬间增加煤体加卸载速率　　　　（b）地质异常区附近应力高

图 6-58　地质异常区冲击原因

6.7.2　煤岩相变区防冲实用技术

6.7.2.1　断层区爆破防冲技术

（1）断层区概况

张双楼煤矿 74101 工作面位于－1 000 m 延深采区东翼，74101 工作面开采 7 煤层，7 煤层平均厚 3.68 m，倾角 23°左右，煤层厚度和倾角均变化较小，赋存较为稳定；7 煤层下方为 9 煤层，两煤层之间为 20 m 厚的细砂岩以及 5 m 厚的泥岩顶板，综合柱状图见图 6-59。

74101 工作面埋深在 1 000 m 左右，工作面水平方向投影宽度为 173 m。74101 工作面南侧为 7123 工作面、7121 工作面和 7119 工作面采空区，9 煤层为 9121 工作面采空区，9 煤层采空区与 74101 工作面水平距离大于 50 m。74101 工作面含有 F_5、F_6 断层区，F_2、F_7、F_8、F_9、F_{10} 断层加火成岩侵入区，顶板砂岩段以及隐伏构造区。74101 工作面采掘工程平面图如图 6-60 所示。

（2）断层区防控案例一（F_6 断层）

① F_6 断层危险性分析

74101 工作面自 2016 年 8 月 26 日开始回采，截至 2016 年 12 月 1 日，74101 工作面已回采进尺上巷 226 m、下巷 213.8 m。自工作面回采至 2016 年 12 月 1 日发生的震动事件分布如图 6-61 和图 6-62 所示。

2016 年 9 月份工作面回采进尺在 60 m 左右，矿震主要集中在 300 m 以外的 F_6 断层附近，震动事件数量仅为 9 次；随着工作面的向前推移，10 月份的震动事件数量急速增加至48 次，但是震动事件仍然远离回采区域，位于回采区域前方的 F_6 断层附近；11 月份回采过

地层单位	柱状(1:400)	序号	层厚/m	累厚/m	岩石名称	岩性描述
下二叠统山西组 P_1^1		7	12.76	61.01	砂质泥岩	灰黑色,致密性脆,块状构造,下部具有滑面
		8	4.22	65.23	细砂岩	灰白色,成分以石英、长石为主,水平层理,含菱铁质及云母碎片,泥质胶结
		9	11.25	76.48	砂质泥岩	深灰色,块状,下部含砂较多,致密性脆
		10	4.68	91.16	中砂岩	灰色夹灰白色,中粒结构,成分以石英为主,长石风化,含白云母及暗色矿物质,裂隙发育,分选较好,方解石脉充填
		11	4.01	85.17	砂岩泥岩	灰黑色,砂泥质,断口平坦,性脆致密,含植物化石,局部含沙量较高
		12	2.11	87.28	细砂岩	深灰色夹灰白色,细粒,以石英、长石为主,含白云母及暗色矿物质,局部粒度变粗,分选较好,泥质胶结
		13	3.58	90.86	砂质泥岩	深灰色,致密块状,含大量植物化石及黄铁矿薄膜
		14	2.50	93.36	细砂岩	灰白色,成分以石英、长石为主,含暗色矿物质,上部钙质胶结,下部泥质胶结
		15	1.98	95.34	泥岩	灰黑色,致密性脆,遇到水容易膨胀,含植物化石
		16	3.37	98.71	细砂岩	灰~灰白色,成分以石英、长石为主,含较多暗色矿物质,泥质胶结,水平层理。局部地段为煤层直接顶
		17	4.62	103.33	泥岩	灰黑色,致密性脆,遇到水容易膨胀,含植物化石
		18	3.68	107.01	7煤层	黑色,呈油脂光泽或暗淡光泽,鳞片状及厚薄不等的条带状构造,条痕黑褐色,参差状断口,内生裂隙发育,性脆易碎,局部泥岩夹矸发育,厚约0.2 m
		19	2.03	109.04	砂质泥岩	深灰色,块状,致密性脆,含植物化石,砂泥质胶结
		20	24.33	133.37	细砂岩	灰白色,成分以石英、长石为主,含较多暗色矿物质,泥质胶结,水平层理
		21	3.40	136.77	9煤层	黑色,块状,半亮型,沥青光泽,贝壳状断口
		22	2.95	139.72	泥岩	灰黑色,泥质,局部为炭泥质,含植物化石、炭屑,断口平坦
		23	5.30	145.02	细砂岩	灰黑色,粉砂质,以石英、长石为主,夹灰白色细粒砂岩薄层,分选好,斜层发育,泥质胶结

图 6-59　－1 000 m延深采区东翼综合柱状图

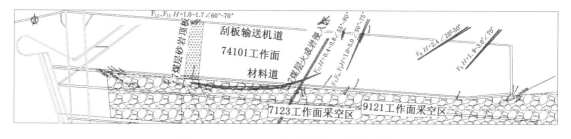

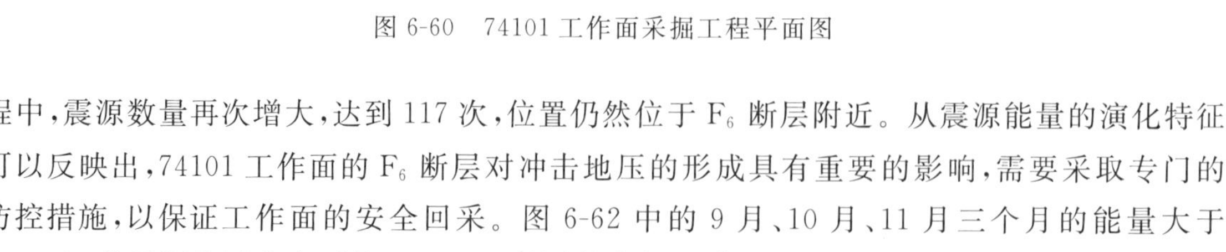

图 6-60　74101工作面采掘工程平面图

程中,震源数量再次增大,达到 117 次,位置仍然位于 F_6 断层附近。从震源能量的演化特征可以反映出,74101工作面的 F_6 断层对冲击地压的形成具有重要的影响,需要采取专门的防控措施,以保证工作面的安全回采。图 6-62 中的 9 月、10 月、11 月三个月的能量大于 $1×10^4$ J的震源位置也主要位于 F_5、F_6 断层的中间区域,再次验证了 F_6 断层对安全生产的重要影响。

　　② F_6 断层防控措施

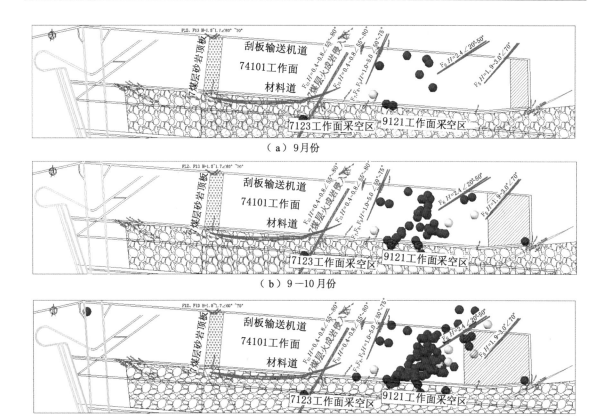

（a）9月份

（b）9—10月份

（c）9—11月份

图 6-61　9—11 月份回采期间能量大于 5×10^3 J 的震源平面投影

（填充部分为对应的月份的回采区域）

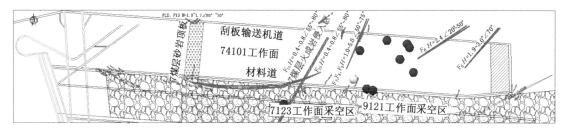

图 6-62　9—11 月份回采期间能量大于 1×10^4 J 的震源平面投影

A. 煤层注水：74101 工作面材料道注水孔深度为 80 m，刮板输送机道上帮注水孔深度为 110 m；刮板输送机道下帮开始增加注水孔，孔深 30 m，间距不大于 15 m。

B. 卸压孔：初期在刮板输送机道上帮两注水孔之间施工一个卸压孔，孔深 20 m。后期又调整为在两注水孔之间施工卸压孔，间距不大于 2.5 m，孔深 20 m。

C. 顶板爆破孔：在 74101 工作面材料道回采进尺点 280 m 位置开始施工顶板爆破孔，钻孔直径为 90 mm，钻孔间距为 20 m，仰角（与水平方向夹角）为 30°，倾角（与巷道中线的夹角）为 45°，偏向工作面回采方向，钻孔深度为 35 m，装药量为 48.16 kg，封孔长度为 12 m。

D. 断层预裂爆破孔 2 个，具体方案如下：a. 1# 爆破孔开孔位置进尺 285 m，爆破孔施工在刮板输送机道顶板距高帮 0.5～1.0 m 的位置，与巷道夹角为 30°（朝向老塘）、仰角为

35°、孔深为 58 m、孔径为 90 mm、装药长度为 21 m,装药量为 60 kg,封孔长度为 21 m。

b. 2# 爆破孔开孔位置进尺 315 m,爆破孔施工在刮板输送机道顶板距高帮 0.5～1.0 m 的位置,与巷道夹角为 40°(朝向老塘)、仰角为 35°、孔深为 75 m、孔径为 90 mm、装药长度为 21 m,装药量为 60 kg,封孔长度为 26 m。

74101 工作面 F$_6$ 断层区域回采防控冲击地压方案见图 6-63。

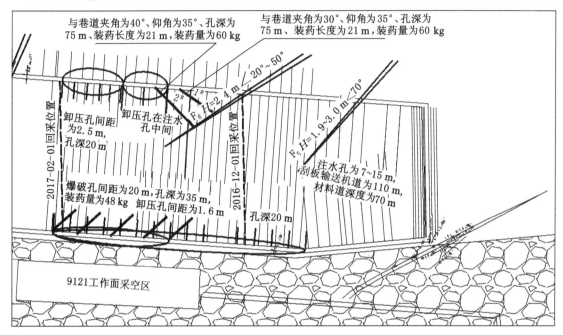

图 6-63　74101 工作面 F$_6$ 断层区域回采防控冲击地压方案

③ F$_6$ 断层防压效果

按照上述措施,74101 工作面在 2016 年 12 月 1 日—2017 年 1 月 31 日两个月为过 F$_6$ 断层区域的时间段。此段时间回采的区域为 74101 工作面距离迎头上巷 226.0～428.2 m、下巷 213.8～429.2 m 的位置。过 F$_6$ 断层影响区的 2 个月震动事件分布如图 6-64 所示。

由图 6-64 可知:2016 年 12 月份工作面回采进尺在 100 m 左右,矿震总频次为 31 次,相较于 11 月份有显著降低,且震动事件处于分散状态分布,这反映出 F$_6$ 断层区冲击危险性的下降。2017 年 1 月份进尺为 105 m 左右,矿震总频次为 65 次,震动频次明显增加,但是震动事件开始主要集中在 F$_2$、F$_7$～F$_{10}$ 断层区域,在 F$_6$ 断层区附近震动事件分布较少。从 2016 年 12 月和 2017 年 1 月的矿震特征可以看出,采取针对 F$_6$ 断层的防控措施后,F$_6$ 断层区域的震动显著下降,安全性大大提高。

(3)断层区防控案例二(F$_2$、F$_7$～F$_{10}$ 断层区)

① F$_2$、F$_7$～F$_{10}$ 断层区危险性分析

A. 震动特征分析

74101 工作面在 2016 年 12 月 1 日—2017 年 2 月 28 日的 3 个月为进入 F$_2$、F$_7$～F$_{10}$ 断层区前的时间段,此段时间回采的区域为 74101 工作面距离迎头上巷 226.0～519.1 m、下巷 213.8～523.1 m 的位置。进入 F$_2$、F$_7$～F$_{10}$ 断层区前的 3 个月震动事件分布如图 6-65 和图 6-66 所示。

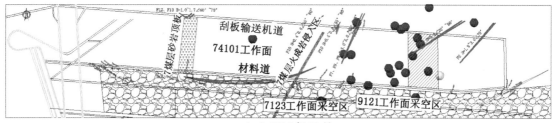

（a）2016 年 12 月

（b）2017 年 1 月

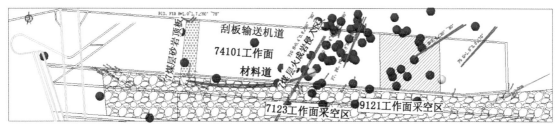

（c）2016 年 12 月和 2017 年 1 月

图 6-64　2016 年 12 月和 2017 年 1 月过 F_6 断层影响区发生能量大于 $5×10^3$ J 的震源平面投影

（填充部分为对应的月份的回采区域）

由图 6-65 可知：2016 年 12 月工作面回采进尺为 100 m 左右，矿震总频次为 31 次，震动事件较为分散，此时 F_2、F_7～F_{10} 断层区并未表现出对工作面回采产生多大影响；2017 年 1 月工作面回采进尺为 105 m 左右，矿震总频次为 65 次，大量的震动事件位于超前回采区域的 F_2、F_7～F_{10} 断层区，这反映出 F_2、F_7～F_{10} 断层区开始提前对工作面产生较大范围影响；2017 年 2 月工作面回采进尺为 95 m 左右，矿震总频次为 133 次，相较于前两次增加更为显著，震动事件几乎全部位于超前回采区域的 F_2、F_7～F_{10} 断层区，这反映出 F_2、F_7～F_{10} 断层区对工作面产生的影响更为显著。从 2016 年 12 月—2017 年 2 月的整体状况来看，3 个月回采期间的矿震主要集中在 F_2、F_7～F_{10} 断层区。从图 6-66 来看，事件全部位于 F_2、F_7～F_{10} 断层区，再次验证了断层区对冲击的影响，需要对此断层区采取针对性的防控措施才能够保证安全生产。

B. 震动波 CT 反演分析

图 6-67 为进入 F_2、F_7～F_{10} 断层区前的波速 CT 反演图。

由图 6-67 可以看出，高波速梯度区和高波速区主要分布在工作面前方 F_2、F_7～F_{10} 断层区，尤其是在 F_2 断层与 F_7～F_{10} 断层中间位置，波速梯度和波速最大，冲击危险性最高。波速 CT 反演结果证明了 F_2、F_7～F_{10} 断层区的冲击危险性最高。

C. 震动变形分析

在 2017 年 2 月接近 F_2、F_7～F_{10} 断层区回采时，发生了两次因震动引起的巷道变形问

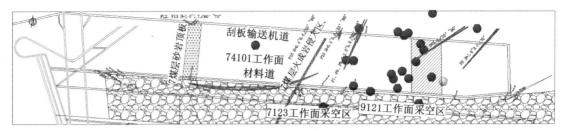

（a） 2016 年 12 月

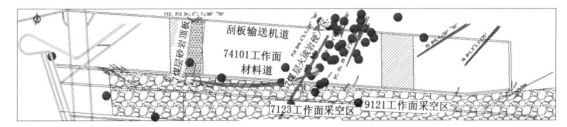

（b） 2017 年 1 月

（c） 2017 年 2 月

（d） 2016 年 12 月—2017 年 2 月

图 6-65　2016 年 12 月—2017 年 2 月 74101 工作面回采期间能量大于 5×10^3 J 的震源平面投影
（填充部分为对应月份的回采区域）

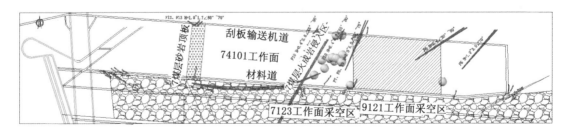

图 6-66　2016 年 12 月—2017 年 2 月 74101 工作面回采期间能量大于 1×10^4 J 的震源平面投影
（填充部分为对应月份的回采区域）

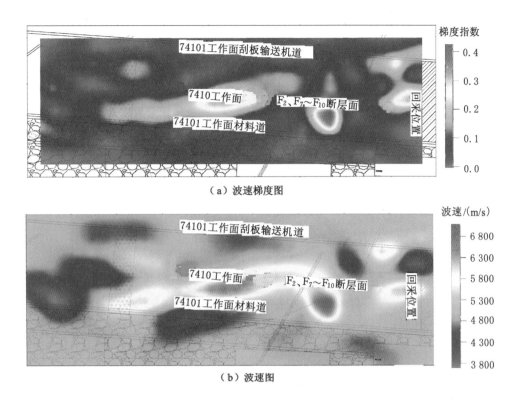

（a）波速梯度图

（b）波速图

图 6-67 74101 工作面进入 F_2、$F_7 \sim F_{10}$ 断层区前 CT 反演图

题。这说明接近断层区时,巷道围岩应力已经处于极限状态,受到工作面回采等外界扰动作用,易引发冲击破坏。除了断层的影响作用外,靠近 7123 工作面采空区侧的顶板形成悬臂未切断,受本工作面基本顶来压带动 7123 工作面采空区顶板活动,造成大能量信号的发生。两次震动变形的描述具体如下:

2017 年 2 月 4 日 16 时 53 分 15 秒,74101 工作面超前内发现了 1 个能量为 8.12×10^4 J 超过预警值的微震信号。震源坐标 X:39 486 343,Y:3 854 387.38,Z:-1 093.77 m;震源位置:平面位置在材料道超前,距工作面 72 m,距材料道约 3 m;现场情况:有煤炮声,巷道掉渣;材料道上出口向外 30 m 范围底鼓约 100 mm;两帮无变化,无断锚现象。

2017 年 2 月 12 日 19 时 42 分 51 秒,74101 工作面超前内发现了 1 个能量为 2.02×10^5 J 超过预警值的微震信号。震源坐标 X:39 486 277.23,Y:3 854 433.2,Z:-989.64 m;震源位置:平面位置在材料道超前,距工作面 103 m,距材料道约 44.5 m;现场情况:有较大的震动,底板有轻微震感;材料道上出口向外 15 m 范围底鼓约 100 mm。

② F_2、$F_7 \sim F_{10}$ 断层区防控措施

A. 煤层注水孔

74101 工作面材料道注水孔深度为 80 m,刮板输送机道上帮注水孔深度为 110 m;从刮板输送机道下帮开始增加注水孔,孔深 30 m,间距不大于 15 m。

B. 卸压孔

在刮板输送机道上帮两注水孔之间施工一个卸压孔,孔深 20 m,间距根据危险性分别设置为 1.6 m 和 2.5 m;在材料道下帮两注水孔之间施工一个卸压孔,孔深 20 m,间距设置为 1.6 m。

C. 步距式顶板爆破孔

每 3 个爆破孔为一组,孔间距为 0.5~1.0 m,沿材料道低帮向工作面每 20 m 施工一组。1# 爆破孔孔深 50 m,垂直巷帮,与水平面夹角为 5°,孔径为 90 mm;装药长度为 17.4 m,装药量为 49.88 kg(58 块);2# 爆破孔孔深 45 m,垂直巷帮,与水平面夹角为 20°,孔径为 90 mm;装药长度为 15.6 m,装药量为 44.72 kg(52 块);3# 爆破孔孔深 40 m,垂直巷帮,与水平面夹角为 35°,孔径为 90 mm;装药长度为 13.8 m,装药量为 39.56 kg(46 块),如图 6-68 所示。

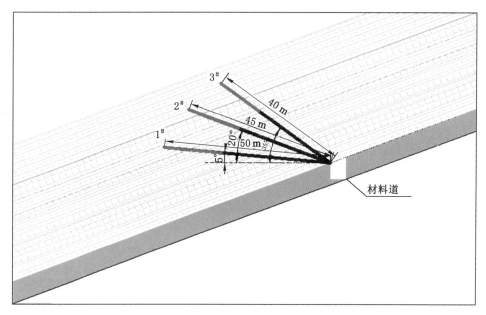

图 6-68 每组顶板爆破孔示意图

D. 断层顶板预裂爆破孔

a. 材料道:1# 爆破孔开孔位于回采进尺点 650 m,与巷道中线夹角为 65°(朝向老塘)、仰角为 7°,孔深为 36 m,孔径为 90 mm,装药量为 55.9 kg(65 块),装药长度为 19.5 m,封孔长度不小于 13 m;2# 爆破孔开孔位置距 1# 爆破孔 25~30 m,与巷道中线夹角为 52°(朝向老塘)、仰角为 13°,孔深为 30 m,孔径为 90 mm,装药量为 43 kg(50 块),装药长度为 15 m,封孔长度不小于 11 m。

b. 刮板输送机道:1# 爆破孔开孔位置位于回采进尺点 520 m,与巷道中线夹角为 60°(朝向老塘)、仰角为 35°,孔深为 37 m,孔径为 90 mm,装药量为 55.9 kg(65 块),装药长度为 19.5 m,封孔长度不小于 13 m;2# 爆破孔开孔位置距 1# 爆破孔 15 m,与巷道中线夹角为 60°(朝向老塘)、仰角为 36°,孔深为 60 m,孔径为 90 mm,装药量为 89.4 kg(104 块),装药长度为 31.2 m,封孔长度不小于 21 m。

③ F_2、F_7~F_{10} 断层区防控效果

A. 震动特征分析

74101 工作面从 2017 年 3 月 1 日到 2017 年 4 月 30 日的 2 个月为过 F_2、F_7~F_{10} 断层区回采的时间段。此段时间回采的区域为 74101 工作面距离迎头上巷 519.1~712.6 m,下巷 523.1~715.4 m 的位置。74101 工作面过 F_2、F_7~F_{10} 断层区回采防控方案如图 6-69 所示。过 F_2、F_7~F_{10} 断层区期间的 2 个月震动事件分布如图 6-70 和图 6-71 所示。

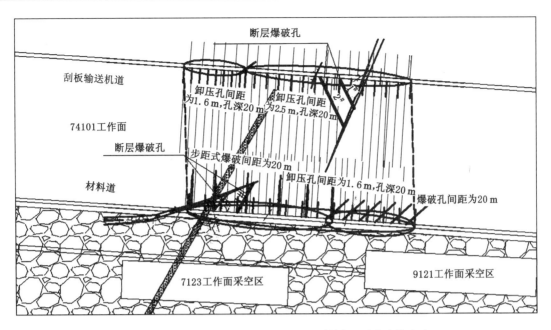

图 6-69 74101 工作面过 F_2、$F_7 \sim F_{10}$ 断层区回采防控方案

（a）2017 年 3 月

（b）2017 年 4 月

图 6-70 2017 年 3 月和 2017 年 4 月 74101 工作面回采期间能量大于 5×10^3 J 的震源平面投影
（填充部分为对应月份的回采区域）

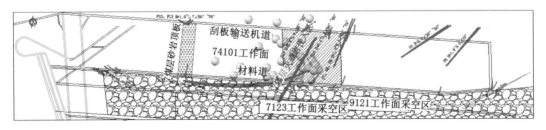

图 6-71 2017 年 3 月和 2017 年 4 月 74101 工作面回采期间能量大于 1×10^4 J 的震源平面投影
（填充部分为对应月份的回采区域）

由图 6-70 可知:2017 年 3 月工作面回采进尺为 90 m 左右,矿震总频次为 136 次,震动事件相较于进入断层区前的 2 月份(133 次)没有明显的增加,这说明采取的防控措施对于保障 F_2、$F_7 \sim F_{10}$ 断层区的安全生产起到了很好的效果;2017 年 4 月工作面回采进尺为 105 m 左右,矿震总频次为 123 次,震动事件略有下降,震动事件开始向 F_2、$F_7 \sim F_{10}$ 断层超前区域分散,离散度显著大于进入断层区前的 2 月份,这反映出 F_2、$F_7 \sim F_{10}$ 断层区的冲击危险性有所降低。从 2017 年 3 月到 2017 年 4 月的整体状况(图 6-71)来看,过 F_2、$F_7 \sim F_{10}$ 断层区时的能量大于 1×10^4 J 的震动事件总共为 36 个,并未全部集中在断层区域,而是在工作面前方未回采区域也有大量的分布,从震动分布特征再次说明了防控措施的有效性。

B. 震动变形分析

过 F_2、$F_7 \sim F_{10}$ 断层区期间并未出现因震动引起巷道变形的情况,从震动引起变形的角度验证了防控措施的有效性。

6.7.2.2　顶板砂岩段防冲技术

(1) 顶板砂岩段概况

74101 工作面地质构造中存在宽度大约为 50 m 的顶板砂岩段,顶板砂岩段位于工作面靠近上下山位置。在此范围内直接顶泥岩变薄甚至缺失,砂岩厚度增加,砂岩顶板与煤层直接接触,根据对掘进过程的震源特征分析发现,顶板砂岩段对矿山压力显现影响较大。

(2) 砂岩段危险性分析

① 大能量矿震分布特征

74101 工作面从 2017 年 5 月 1 日到 2017 年 7 月 31 日的 3 个月为进入顶板砂岩段前一段时间。此段时间回采区域为 74101 工作面距离迎头上巷 712.6 ~ 1 018.3 m、下巷 715.4 ~ 1 023.2 m 的位置。进入顶板砂岩段前的 3 个月震动事件分布如图 6-72 所示。

由图 6-72 可知:2017 年 5 月工作面回采进尺为 105 m 左右,能量大于 10^4 J 的矿震总频次为 14 次,位于工作面前方一段区域,此时尚未受到顶板砂岩段的影响;2017 年 6 月工作面回采进尺为 110 m 左右,矿震总频次为 18 次,能量大于 10^4 J 的矿震主要位于顶板砂岩段附近区域,这反映出顶板砂岩段开始提前较大范围对工作面产生影响;2017 年 6 月和 7 月这两个月的工作面回采进尺为 200 m 左右,能量大于 10^4 J 的矿震总频次为 37 次,震动事件几乎全部位于超前回采区域的顶板砂岩段区,这再次验证了顶板砂岩段对冲击的影响,因此需要对顶板砂岩段采取有针对性的防控措施才能够保证安全生产。

② 砂岩段应力异常区 CT 反演

根据对震动事件的分析可知:74101 工作面从 2017 年 6 月 1 日到 2017 年 7 月 31 日这 2 个月开始受到顶板砂岩段的影响。进入顶板砂岩段前 2 个月的波速反演图和波速梯度图如图6-73所示。由于 6、7 两个月份存在调微震探头的问题,导致反演时无法选择整个月的数据,6 月选择的数据为 6 月 3 日—6 月 25 日期间的数据,7 月选择的数据为 7 月 8 日—7 月 31 日期间的数据。

由图 6-73 可知:6 月份时高波速区和高波速梯度区主要位于工作面开采区域附近,高波速区超前工作面距离较小,此时砂岩顶板段的波速并未处于较高状态;当 7 月份回采时,工作面已经回采至接近顶板砂岩段区域,高波速区主要位于工作面开采区域及其前方一段距离,高波速区超前采煤工作面的范围明显大于 6 月份,这是顶板砂岩段作用的结果。从波速和波速梯度证明了顶板砂岩段对工作面具有冲击影响。

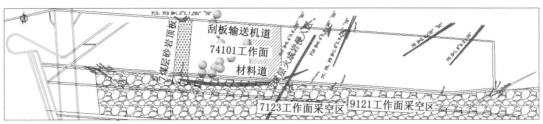

（a）2017年5月

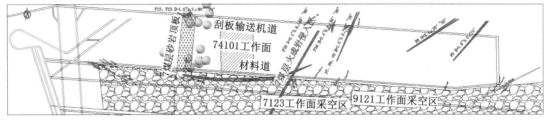

（b）2017年6月

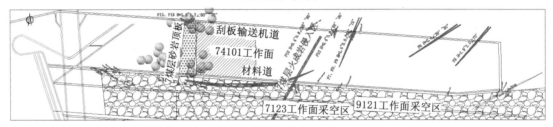

（c）2017年6—7月

图 6-72　2017 年 5—7 月 74101 工作面回采期间能量大于 $1×10^4$ J 的震源平面投影

（a）2017年6月波速反演图

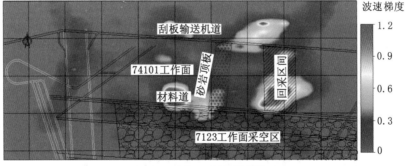

（b）2017年6月波速梯度图

图 6-73　2017 年 6 月和 7 月的波速反演图和波速梯度图

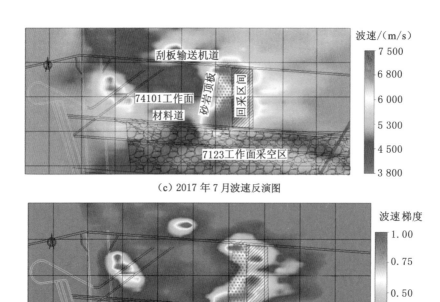

（c）2017 年 7 月波速反演图

（d）2017 年 7 月波速梯度图

图 6-73（续）

③ 砂岩段能量密度特征

74101 工作面进入顶板砂岩段前的 2017 年 6 月 1 日—2017 年 7 月 31 日这 2 个月的能量密度图如图 6-74 所示。

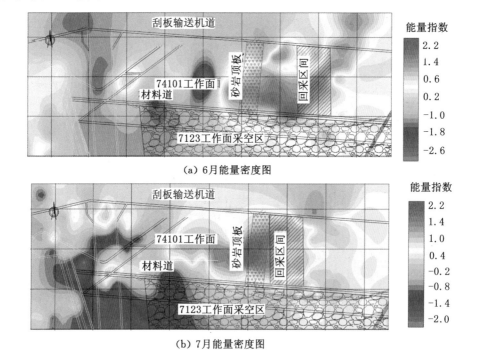

（a）6 月能量密度图

（b）7 月能量密度图

图 6-74　74101 工作面进入顶板砂岩段前的 2 个月能量密度图

从能量密度图可以看出,在 6 月份回采期间,高能量区域主要位于回采位置和砂岩顶板之间,高能量范围较大,此时砂岩顶板开始对回采产生一定影响。7 月份的高能量区主要集中在顶板砂岩段附近,说明砂岩顶板对回采过程产生较大影响。在进入顶板砂岩段回采前的 6、7 月份,顶板砂岩段震动能量已经处于较高水平,验证了顶板砂岩段对工作面具有冲击影响。

(3) 顶板砂岩区冲击防控措施(图 6-75)

① 煤层注水:74101 工作面材料道注水孔深度为 80 m,刮板输送机道上帮注水孔深度为 110 m,间距不大于 10 m。

② 卸压孔:在刮板输送机道上帮两注水孔之间施工一个卸压孔,孔深为 20 m,间距为 1.6 m;在材料道下帮两注水孔之间施工一个卸压孔,孔深为 20 m,进入顶板砂岩段前间距为 1.6 m,进入顶板砂岩段后为 0.8 m。

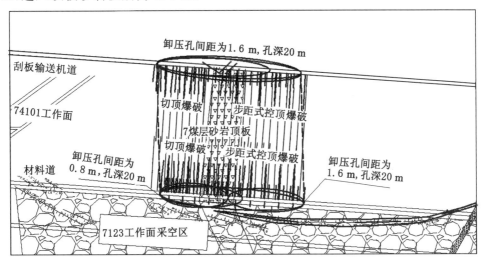

图 6-75　顶板砂岩段冲击防控措施

③ 接近 7 煤层砂岩顶板时的扇形步距式控顶爆破方案(图 6-76)

A. 材料道每 3 个爆破孔为一组,孔间距为 0.5～1.0 m,每组间距为 20 m。1# 爆破孔孔深为 50 m,垂直巷帮,与水平面夹角为 5°,孔径为 90 mm,装药长度为 17.4 m,装药量为 49.88 kg;2# 爆破孔孔深 45 m,垂直巷帮,与水平面夹角为 20°,孔径为 90 mm,装药长度为 15.6 m,装药量为 44.72 kg;3# 爆破孔孔深 40 m,垂直巷帮,与水平面夹角为 35°,孔径为 90 mm;装药长度为 13.8 m,装药量为 39.56 kg;4# 爆破孔孔深 35 m,垂直巷帮,与水平面夹角为 75°,孔径为 90 mm,装药长度为 13.8 m,装药量为 39.56 kg。

B. 刮板输送机道爆破孔垂直高帮施工在顶板上,孔深 60 m,仰角为 40°±5°,孔径为 89 mm,单孔装药量为 59.34 kg,装药长度为 20.7 m,封孔长度不小于 20 m,第一个爆破孔施工在回采进尺点 735 m 位置,向后每 20 m 施工 1 个爆破孔。

C. 过 7 煤层砂岩顶板期间的扇形步距式控顶爆破方案(图 6-77)

a. 材料道每 3 个爆破孔为一组,孔间距为 0.5～1.0 m,每组间距为 20 m。1# 爆破孔孔深 50 m,垂直巷帮,与水平面夹角为 5°,孔径为 90 mm,装药长度为 17.4 m,装药量为 49.88 kg;2# 爆破孔孔深 45 m,垂直巷帮,与水平面夹角为 20°,孔径为 90 mm,装药长度为 15.6 m,装

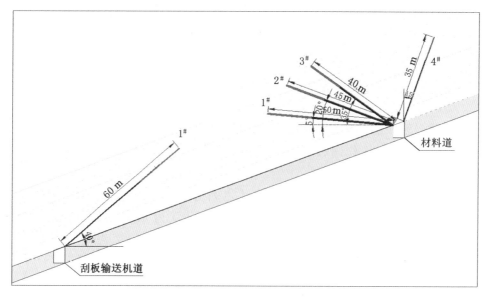

图 6-76　接近 7 煤层顶板砂岩段顶板预裂爆破孔剖面示意图

药量为 44.72 kg;3# 爆破孔孔深 40 m,垂直巷帮,与水平面夹角为 35°,孔径为 90 mm,装药长度为 13.8 m,装药量为 39.56 kg;4# 爆破孔孔深 35 m,垂直巷帮,与水平面夹角为 75°,孔径为 90 mm,装药长度为 13.8 m,装药量为 39.56 kg。

　　b. 在刮板输送机道原有 1# 爆破孔增加 2# 爆破孔,1# 爆破孔孔深 60 m,仰角为 (40±5)°,孔径为 89 mm,单孔装药量为 59.34 kg,装药长度为 20.7 m,封孔长度不小于 20 m;2# 爆破孔孔深 50 m,仰角为 55°±5°,垂直于高帮,装药长度为 13 m,装药量为 52 kg,封孔长度不小于 17 m。每组爆破孔间距为 30 m。

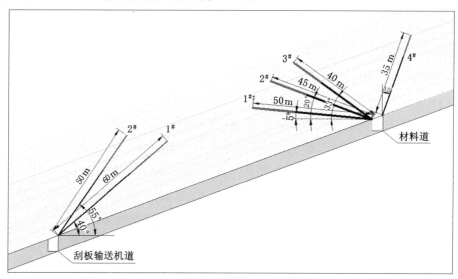

图 6-77　过 7 煤层顶板砂岩段顶板预裂爆破孔剖面示意图

　　D. 过 7 煤层砂岩顶板期间平面扇形孔

　　a. 在材料道原有的顶板剖面扇形爆破孔之间,增加一组平面扇形孔(包括 3 个爆破孔),组与组间距为 30 m,编号为 5#、6#、7# 孔。其中 6# 孔距离 1# 孔 15 m,与巷道中线垂直,5#、7#孔分别按照 3°夹角偏向两侧,5#、6#、7#孔之间的间距为 5 m。5#孔和 7#孔孔深45 m,仰角为 20°,装药长度为 10 m,装药量为 40 kg。

b. 在刮板输送机道原有 1#、2#爆破孔增加 3#、4#、5#爆破孔,3#、4#、5#爆破孔在平面上形成 1 组扇形孔,间距为每 30 m 一组,4#与 1#爆破孔间距为 15 m。4#爆破孔垂直巷道中线,3#爆破孔与 5#爆破孔按照夹角 3°偏向两侧,3#、4#、5#爆破孔间距为 5 m。3#~5#爆破孔:孔深 50 m,仰角为 40°±5°,装药长度为 10 m,装药量为 40 kg,封孔长度不小于 17 m。

过 7 煤层顶板砂岩段顶板平面扇形爆破孔俯视图见图 6-78,剖面图见图 6-79。

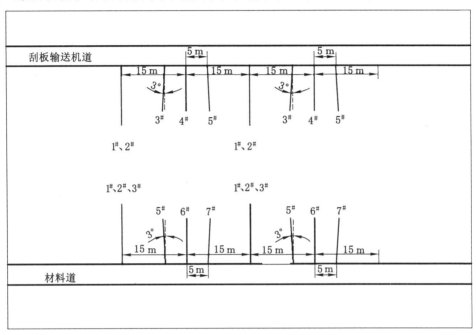

图 6-78　过 7 煤层顶板砂岩段顶板平面扇形爆破孔俯视图

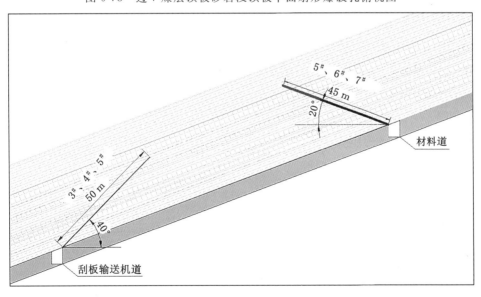

图 6-79　过 7 煤层顶板砂岩段顶板爆破孔布置剖面图

（4）顶板砂岩段防冲效果

① 震动事件平面分布特征

74101 工作面从 2017 年 8 月 1 日到 2017 年 8 月 31 日在顶板砂岩段回采。此段时间回采区域为 74101 工作面距离迎头上巷 1 018.3～1 133.2 m,下巷 1 023.2～1 130.2 m 的位置。74101 工作面在顶板砂岩段回采期间的震动事件分布如图 6-80 所示。

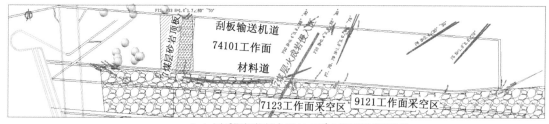

(a) 回采期间能量大于 $1×10^4$ J 的震源平面投影

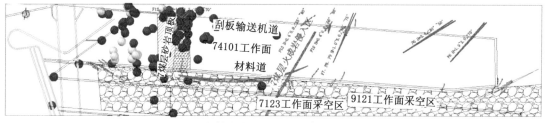

(b) 回采期间能量大于 $5×10^3$ J 的震源平面投影图

图 6-80　74101 工作面在顶板砂岩段回采期间的震动事件分布图

2017 年 8 月工作面回采进尺为 110 m 左右,能量大于 10^4 J 的矿震总频次为 14 次,几乎全部位于工作面前方一段区域内,而顶板砂岩段的大能量震动事件很少;从能量大于 $5×10^3$ J 的震动事件可以看出,能量介于 $5×10^3$～$5×10^4$ J 之间的震动事件主要位于顶板砂岩段区。由此反映出,顶板砂岩段采取特殊措施后,虽然释放能量仍然较多,但是释放大能量事件的可能性较小,整体处于相对安全状态。

② 震动事件时间分布特征

74101 工作面自 2016 年 8 月 26 日回采至结束,通过采取扇形步距式控顶爆破、大直径钻孔等预卸压措施,没有出现破坏性矿震事件,目前采取的防控措施能够保证工作面防冲安全回采的需要。74101 工作面震动信号分布图如图 6-81 所示。

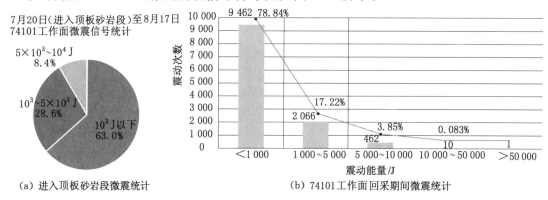

(a) 进入顶板砂岩段微震统计　　　　(b) 74101 工作面回采期间微震统计

图 6-81　74101 工作面震动信号分布图

6.7.2.3　煤层合并区防冲技术

（1）煤层合并区概况

74102 工作面位于－1 000 m 延深采区西翼，东起工业广场保护煤柱，西距 10 号勘探线约 200 m，南临 7425 工作面、7426 工作面采空区，北部为未采区。工作面东部上覆－1 000 m 西一采区回风上山、行人上山、胶带上山、轨道上山下车场及水仓泵房变电所。

74102 工作面煤层厚度变化较大，整体呈现由西向东、由南向北逐渐变厚的趋势。7、9 煤层间距呈现由西向东逐渐减小的趋势，在工作面东北部 7、9 煤层合并，合并区内煤层总厚度约为 11 m，局部发育一到两层夹矸，夹矸厚度为 0.1～0.5 m。工作面东部临近火成岩发育区，预计该火成岩发育区呈 NE 走向，带宽平均约为 150 m，厚度平均约为 1.5 m。工作面走向长度为 827 m，倾向长度平均为 175.3 m，可采储量为 49.6 万 t。

74102 工作面地质情况说明见表 6-5。

表 6-5　74102 工作面地质情况说明

<table>
<tr><td colspan="2">煤层名称</td><td>7 煤层</td><td>水平名称</td><td>－1 000 m</td><td>采区名称</td><td>延深采区</td></tr>
<tr><td rowspan="3">概况</td><td>工作面编号</td><td>74102</td><td>地面标高/m</td><td>＋37.1</td><td>工作面标高/m</td><td>－983～－1 095</td></tr>
<tr><td>地理位置</td><td colspan="5">74102 工作面地表位于工业广场保护煤柱以西，龙河公路以东。地表西部有工厂厂房，其余为农田、水渠</td></tr>
<tr><td>回采对地面设施的影响</td><td colspan="5">74102 工作面回采对地表有影响</td></tr>
<tr><td rowspan="5">煤层情况</td><td>走向长度/m</td><td>827</td><td>倾斜长度/m</td><td>158.5～194.1</td><td>面积/m²</td><td>145 000</td></tr>
<tr><td rowspan="2">煤层总厚度/m</td><td>1.0～11.0</td><td colspan="2" rowspan="2">煤层结构</td><td>煤层倾角/(°)</td><td>10～35</td></tr>
<tr><td>2.65</td><td>煤层较厚，局部发育一层夹矸，结构复杂</td><td>22</td></tr>
<tr><td>可采指数 K_m</td><td>1</td><td>变异系数 r/%</td><td>75.4</td><td>稳定程度</td><td>极不稳定</td></tr>
<tr><td colspan="6"></td></tr>
</table>

<table>
<tr><td rowspan="5">煤层顶底板</td><td colspan="2">类别</td><td>岩石名称</td><td>厚度/m</td><td>岩性特征</td></tr>
<tr><td rowspan="2">顶板</td><td>基本顶</td><td>细砂岩</td><td>7.11</td><td>灰～灰白色，成分以石英、长石为主，含较多暗色矿物质，泥质胶结，水平层理</td></tr>
<tr><td>直接顶</td><td>泥岩</td><td>3.97</td><td>灰黑色，较致密，性脆、易碎，含植物化石及黄铁矿薄膜</td></tr>
<tr><td rowspan="2">底板</td><td>直接底</td><td>泥岩</td><td>4.60</td><td>灰黑色，致密性脆，遇到水容易膨胀，含植物化石</td></tr>
<tr><td>基本底</td><td>细砂岩</td><td>19.50</td><td>灰白色，成分以石英、长石为主，含暗色矿物质，上部钙质胶结，下部泥质胶结，中部厚层状，缓波状层理</td></tr>
</table>

图 6-82 为 74102 工作面掘进期间不同震动能量级别分布图。从图可以看出，在掘进期间震动分区与集中非常明显，主要集中在刮板输送机道 7、9 煤层合并区域至工作面联络巷道之间，共发生 6 次能量超过 10^4 J 的震动，其中 4 次发生在合并区，2 次发生在揭煤阶段。由此可见，煤岩接触面、厚度变化带（也是一种煤层/煤岩接触面）、火成岩侵入区是回采期间的重点防控区域，冲击危险的分级分区为严重冲击危险区。材料道震动主要集中在联络巷与上下山车场的巷道群区域，但是整体震动事件数量不多，冲击危险等级为一般冲击危险，

但该区域巷道较多,回采期间应根据微震监测,确定冲击危险性。

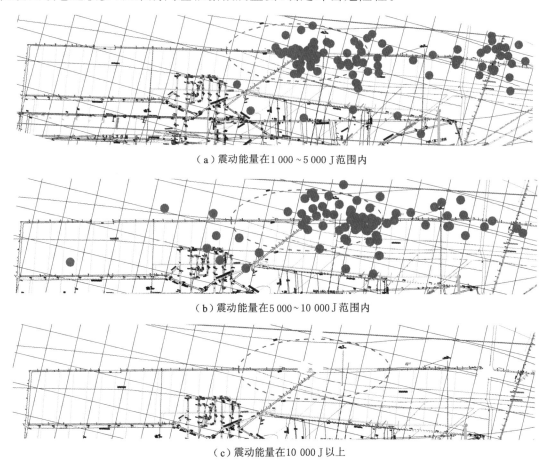

（a）震动能量在1 000～5 000 J范围内

（b）震动能量在5 000～10 000 J范围内

（c）震动能量在10 000 J以上

图 6-82　74102 工作面掘进期间不同震动能量级别分布图

（2）煤层合并区冲击防控措施

① 工作面底煤的远程高压注水软化技术

煤样浸水后抗压强度降低,弹性模量降低,泊松比增大,达到饱和含水率时趋于稳定值。这表明煤被水湿润后其物理力学性质发生了变化。这种变化由两个原因引起:水及某些含阳离子的溶液具有降低岩石颗粒间表面能的能力,因而降低了煤的破裂强度,这种现象称为"软化"。由于裂隙的增加与扩展,降低了煤的强度,造成煤的弹性性质的差别。大量冲击地压发生的实例证实,冲击地压都发生在干燥含水率低的煤层中,即使是同一冲击地压煤层,含水率不同,发生冲击地压的情况也不相同。

前文对浸水软化后煤岩的物理力学性质和破裂模式初步做了一些研究,得出了一些结论。事实证明高压注水能起到软化煤体、降低冲击危险性的作用。因此,工作面回采期间采取大直径长距离预卸压钻孔和远程高压注水进行预卸压,注水工作应超前工作面不小于150 m,钻孔深度应覆盖整个工作面。

从工作面进尺 600 m 开始,在材料道、刮板输送机道回采侧煤帮施工大直径长距离预卸压钻孔,并对钻孔进行封孔,采用高压、低压相结合的方式进行注水预卸压。

钻孔垂直巷帮(误差为±5°),平行煤层层面(施工至煤层合并区时,仰角比顶板倾角小

2°~3°),钻孔直径为 129 mm;材料道孔深 80 m,刮板输送机道 600~880 m 范围内为孔深 80 m,
1 024~1 294 m 范围内孔深 110 m。开孔位置低于预卸压孔 0.3~0.5 m,如注水孔与预卸压钻
孔位置重合,则不再施工预卸压钻孔。注水孔和卸压孔布置方式如图 6-83 和图 6-84 所示。

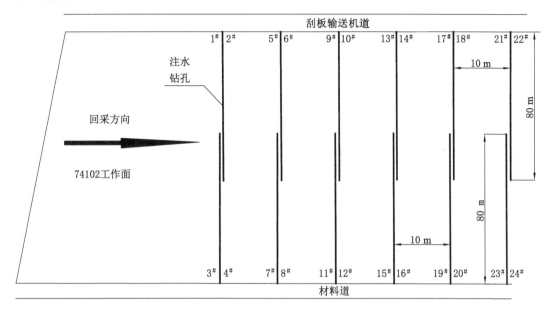

图 6-83 74102 工作面注水钻孔平面布置示意图

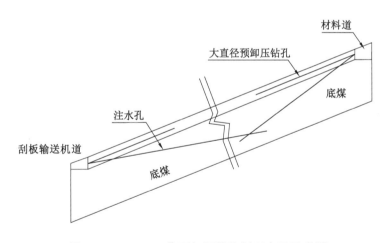

图 6-84 74102 工作面卸压钻孔剖面布置示意图

A. 煤层注水技术要求

a. 注水孔封孔长度不小于 10 m,预卸压钻孔封孔长度不小于 5 m。煤层高压注水须安
装高压低流量注水泵,注水压力一般为 6~12 MPa。采用高低压结合进行注水,高压、低压
注水各不少于 5 次;单孔总注水时间不少于 45 min。为防止高压注水发生片帮等伤人事
故,开始注水时,先小水量注水,观察泵站压力变化及封孔情况,无隐患后方可进行正常注
水。注水时,以不漏水、不崩孔为原则,如孔口、周围锚杆或煤壁出现漏水,则立即停止注水。

b. 每次注水孔数量为 1 个。由于巷道两帮强卸压造成煤体裂隙增多,煤壁漏水现象较
普遍。如果注水孔周围煤壁或锚杆孔出现漏水,则说明煤壁已形成漏水通道,出现漏水后不
再进行注水。若注水孔未出现漏水现象,则继续进行注水。根据巷道压力显现情况,后期可

使用静压注水。

c. 在 ϕ10 mm 高压软管注水接头处使用 14# 双股铁丝固定在帮部金属网上。

d. 注水孔必须挂牌管理,现场建立注水台账,并详细记录,记录内容包括:时间、地点、孔深、孔数、开泵时间、注水压力、停泵时间、注水孔个数、注水效果等,注水参数报安监部防冲组。

e. 注水设备选用 5BZ-2.5/12.5 型高压注水加压泵、SGS 型双功能高压水表及 YN-100 型耐震压力表等。

B. 封孔施工方案

a. 封孔范围及封孔技术要求:将巷道两帮卸压孔作为高压注水孔,间距为 10 m,封孔长度不小于 6 m,对没有作为高压注水的两帮卸压孔进行封堵,封孔长度为 4 m。

b. 注水管采用直径为 4 分(4 分=12.7 mm,下同)的镀锌钢管,为方便与注水软管连接,在注水时其外口连接一个 ϕ10 mm 接头。为防止因注水压力较高注水管冲出注水孔而发生意外事故,在距注水管 ϕ10 mm 接头 5 mm 位置焊接两个螺母。注水前用 8# 镀锌铁丝通过螺母牢固地固定在巷帮金属网上。

c. 封孔浆液材料及设备的选择

封孔浆液材料为 LFM 轻型充填材料,采用直径为 4 分镀锌钢管及 QZB-50/6 型注浆泵进行封孔,水与 LFM 轻型充填材料的配比为 1:(0.4~0.6)。待封孔充填材料凝固 24 h 后便可对煤层进行注水。

C. 封孔工艺

a. 在封孔前要将注浆泵等施工设备安装调试好,确认相应设备能正常运转后按下述施工工艺施工。

b. 每个注水钻孔施工完毕后,均必须在当班时立即下入直径为 4 分镀锌插管及 LFM 轻型充填材料及时进行封孔,防止塌孔。封孔时其前端插入带有前尖的 1.5 英寸(1 英寸≈25.4 mm,下同)花管,每根花管十字交叉,相距 20 mm 钻三个 ϕ8 mm 的透孔,每根花管及中间节的长度均为 1.5 m,每根插管用配套的直径为 4 分的接头按顺序接入,共需 4 根镀锌钢管,下入的钢管总长度大于 5.5 m。煤层注水孔示意图如图 6-85 所示。

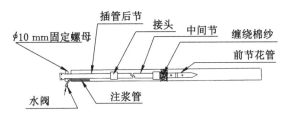

图 6-85 煤层注水孔示意图

c. 上帮注水钻孔封孔时先将前尖花管插入后,在注水管后端 1 m 处缠上厚度为 15 mm 左右、与孔径相符的棉纱,用扎丝拧紧,然后用直径为 4 分的接头依次将插管全部下入孔内后,在孔壁插入后端带有 ϕ10 mm 接头的长 1 m 左右、直径为 4 分的镀锌钢管或长 1 m 左右的 ϕ10 mm 高压软管,作为注浆封孔管,并连接好直径为 4 分的水阀。用封堵料将孔口封堵好,待孔口封堵料凝固 15 min 左右后,用注浆泵通过注浆管向插管外壁注入封堵料浆体,注入 1 袋左右浆液,关闭封孔管水阀,封孔结束。

d. 下帮注水钻孔封孔时先将前尖花管后端缠上厚度为 150 mm 左右、与孔径相符的棉纱,用扎丝拧紧,然后用直径为 4 分的接头依次将插管全部下入孔内后,在孔壁插入后端带有 ϕ10 mm 接头的长 1 m 左右、直径为 4 分的镀锌钢管或长 1 m 左右的 ϕ10 mm 高压软管,作为注浆封孔管,并连接好直径为 4 分的水阀。用封堵料将孔口封堵好,待孔口封堵料凝固 15 min 左右后,用注浆泵通过注浆管向插管外壁注入封堵料浆体,注入 1 袋左右浆液,关闭封孔管水阀,封孔结束。

D. 注水效果检验

a. 取样方法:用风煤钻施工取样钻孔,采用弹簧卡式连接的麻花钻杆,每节长 1.0 m,ϕ42 mm 的钻头,钻孔深度为 10 m。用煤粉收集器收集钻出的煤粉,从第 2 m 开始收集煤粉,取出的每米煤粉要立即封入塑料袋内,防止煤粉水分流失。收集的样品须记录时间、地点、收集人员,每米的煤粉在塑料袋中标明具体米数,单独存放,上井后将样品上交安监部防冲组,防冲组联系相关机构对样品煤粉注水效果进行检验。

b. 取样位置:在注水侧巷帮按上中下 3 个位置用钻孔方法取 3 个煤粉样品,方向、角度平行于注水孔施工。

c. 检验频率:每月检测一次。

② 巷道底煤合并区深孔爆破卸压技术

74102 工作面刮板输送机道联络巷底板卸压钻孔施工至夹矸小于 0.5 m 时,在胶带侧进行底板卸压爆破。其底板爆破孔剖面示意图如图 6-86 所示。爆破孔距胶带 H 架 0.3～0.5 m,竖直向下,至见矸为止,爆破孔直径为 42 mm,底煤厚度为 3～5 m 时装药量为 1 kg,底煤厚度大于 5 m 时装药量为 2 kg,封满炮泥。每次爆破不大于 5 个孔,躲炮时间为 30 min,躲炮距离为 300 m。

对 74102 工作面刮板输送机道联络巷煤层合并区域进行底板卸压爆破。从联络巷上口向下 100 m 开始施工底板卸压爆破钻孔,至下口结束,共计 160 m。钻孔布置在巷道两帮距底板 0.1～0.3 m 处,按 60°～70° 俯角施工,钻孔间距为 3 m,采用直径为 27 mm 煤矿许用二级乳化炸药。底煤厚度为 3～5 m 时装药量为 1 kg,底煤厚度大于 5 m 时装药量为 2 kg,封满炮泥。每次爆破不大于 5 个孔,躲炮时间为 30 min,躲炮距离为 300 m。

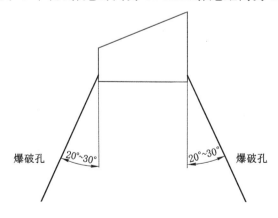

图 6-86　74102 工作面刮板输送机道联络巷底板爆破孔剖面示意图

对材料道下帮底板留底煤厚度大于 1 m 区域进行底板卸压,孔深至见矸位置,间距为 1 m,距下帮 1.0～1.5 m,由于现场存在备用支架,施工期间距下帮位置可以适当调整。

③ 大直径钻孔预卸压

对刮板输送机道(运输巷)回采进尺在 700～1 350 m 范围留底煤区域进行底板卸压处理,前期受夹矸影响,施工两排底板卸压孔,孔径为 129 mm,孔深至见矸(穿过夹矸),钻孔呈三花眼布置,同排钻孔间距为 2 m,底板卸压孔平面布置示意图如图 6-87 所示,其剖面示意图如图6-88所示。

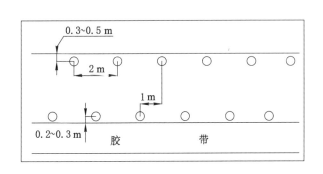

图 6-87　底板卸压孔平面布置示意图

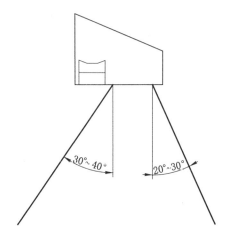

图 6-88　底板卸压孔剖面示意图

根据 74102 工作面冲击地压危险性评价报告,对应力异常区或中等冲击危险区域实施钻孔预卸压技术。

A. 机具:对 74102 工作面中等及以上冲击危险性区域,超前工作面不小于 100 m 对工作面回采侧施工大直径钻孔进行预卸压。钻孔采用 CMS1-6200/80 型煤矿用液压深孔钻车(ϕ129 mm 钻头、ϕ73 mm 肋骨钻杆)及其他配套设备施工。

B. 预卸压钻孔参数要求如下:

a. 钻孔布置:距巷道顶板 1.0～1.5 m 或施工在煤层中部,超前工作面不小于 100 m;

b. 钻孔直径:129 mm;

c. 钻孔间距:2 m;

d. 倾角及深度:垂直煤帮,平行煤层层面,深度为 20 m。

6.7.2.4　防控效果

从 2018 年 2 月 1 日工作面回采至 2018 年 10 月 15 日 7、9 煤层合并区 500 m,通过微震监测,期间共发生震动事件 2 541 个。其中,能量小于 1 000 J 的震动事件有 929 个,占比 36.56%;能量在 1 000～10 000 J 的震动事件有 1 600 个,占比 62.97%;能量大于 10 000 J 的震动事件为 12 个,占比 0.47%;没有发生能量超过 10^5 J 的震动事件,见表 6-6、图 6-89。从表 6-6 和图 6-89 可以看出防控效果良好。

表 6-6　74102 工作面回采期间震动事件分布统计

震动能量/J	震动事件/个	所占比例/%
小于 1 000	929	36.56
1 000～10 000	1 600	62.97

表 6-6(续)

震动能量/J	震动事件/个	所占比例/%
大于 10 000	12	0.47
总计	2 541	100

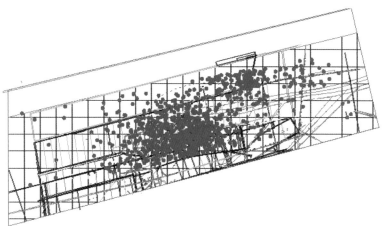

（a）74102 工作面回采期间震动能量小于 1 000 J 震动分布图

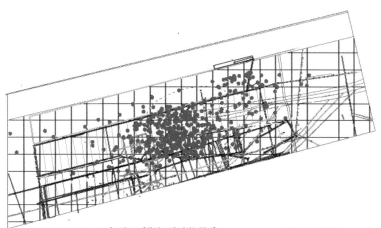

（b）74102 工作面回采期间震动能量为 1 000~10 000 J 震动分布图

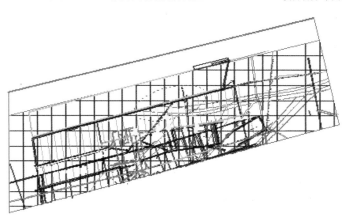

（c）74102 工作面回采期间震动能量大于 10 000 J 震动分布图

图 6-89　74102 工作面回采期间震动分布图

6.8 千米工作面冲击地压防控实用技术

6.8.1 掘进期间冲击地压防控实用技术

6.8.1.1 迎头预卸压方案

迎头共计布置 4 个(2 组)预卸压钻孔,迎头 2 个,肩角 2 个。2 组预卸压钻孔分 2 d 交替施工,每天施工一组卸压孔。

迎头预卸压孔深 20 m,布置在巷道中线左、右各 1 m 处,开孔位置距巷道底板 0.5~1.5 m;两侧肩角钻孔深 23 m,与巷道中线成 30°夹角,距两帮 0.5~1.0 m,掘进过程中迎头卸压保护带长度不小于 10 m。迎头预卸压孔布置图如图 6-90 所示。

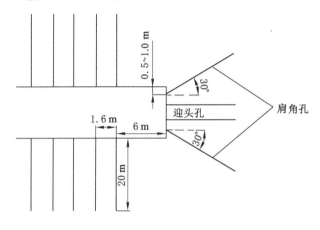

图 6-90 迎头预卸压孔布置图

6.8.1.2 煤层厚度变化区的两帮卸压方案

高帮:高帮每组布置 2 个卸压钻孔,呈剖面布置。其中一个孔平行煤层倾向施工,孔深 20 m;另一个孔向底板方向倾斜,俯角为 25°±5°,孔深 10 m 或见底板岩层就停止。孔径为 129 mm,孔间距不大于 2.0 m。

低帮:低帮布置一排卸压钻孔,钻孔贴近底板施工。孔深 20 m,孔径为 129 mm,孔间距不大于 2.0 m。

帮部卸压孔滞后迎头不大于 6 m,并进行封孔注水,钻孔布置剖面图如图 6-91 所示。

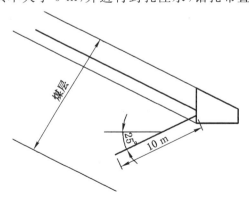

图 6-91 高帮侧卸压孔布置剖面图

6.8.1.3 顶板预裂爆破

在巷道两帮顶板各布置一排顶板预裂爆破孔,孔深 50 m,同排间距为 30 m,与巷道走向夹角为 12°。顶板爆破孔平面示意图如图 6-92 所示。高帮侧顶板爆破孔仰角为 30°,其剖面图如图 6-93 所示。下帮侧顶板爆破孔仰角为 18°,其剖面图如图 6-94 所示。开孔位于顶板上,距高帮 0.5～1.0 m。单孔装药量为 60 kg,封孔长度不小于 17 m。先施工下帮顶板爆破孔,距下帮顶板爆破孔 15 m 时再施工上帮顶板爆破孔。

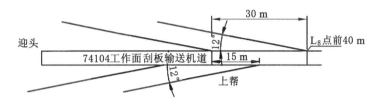

图 6-92 顶板爆破孔平面示意图

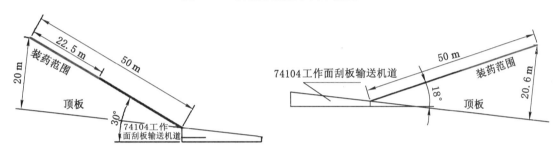

图 6-93 高帮侧顶板爆破孔剖面图   图 6-94 下帮侧顶板爆破孔剖面图

6.8.1.4 长距离大直径钻孔预卸压加注水全域防冲技术

在对有冲击危险性的开切眼掘进前,提前利用长距离大直径钻孔预卸压加高压注水进行防冲治理,如图 6-95 所示,图中①、②等序号代表卸压孔编号。在开切眼掘进期间,每天使用钻屑法进行防冲效果校验,待指标合格后方可掘进。

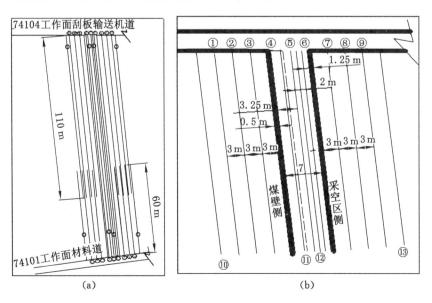

图 6-95 长距离大直径钻孔预卸压加注水全域防冲技术方案

通过该技术可以降低开切眼掘进期间的冲击危险性,确保掘进期间的安全。

6.8.2 回采期间冲击地压防控实用技术

6.8.2.1 开切眼内顶板预裂爆破

对于坚硬顶板,在工作面初采期间,提前在工作面施工一个切顶爆破孔进行顶板预裂,避免因工作面初次来压造成大面积悬顶,如图6-96所示。

张双楼煤矿9煤层工作面直接顶为18 m厚的细砂岩,为避免初采期间发生大面积悬顶,在支架安装结束后,在开切眼位置朝工作面方向施工一个顶板爆破孔。通过对开切眼顶板的切顶爆破,回采初期工作面采空区直接顶基本垮落。

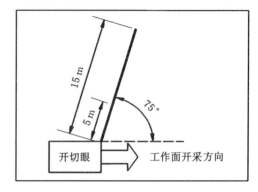

图6-96 开切眼切顶预裂爆破孔剖面图

6.8.2.2 断层爆破

断层构造受采动扰动影响,可能会造成局部应力集中。受回采扰动影响,在覆岩运动与断层的耦合作用下,顶板沿断层发生滑移运动,应力集中程度增加。针对此类情况,应提前对断层区域进行预裂爆破,以释放断层附近积聚的弹性能量,如图6-97所示。

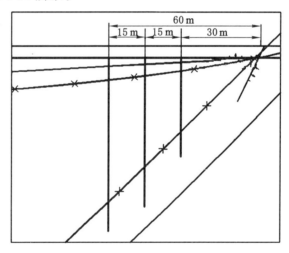

图6-97 断层区域预裂爆破孔剖面图

6.8.2.3 顶板预裂爆破

张双楼煤矿9煤层上方为厚度大于10 m的坚硬砂岩顶板,且影响范围较大。为防止坚硬顶板悬顶过大产生较高的超前应力集中及破断过程中的强烈动力扰动,从而形成冲击压力型冲击地压显现,应主要对评价有中等及以上冲击危险性的工作面开切眼、初次来压、见方、停采线、断层、煤柱等区域顶板进行深孔预裂爆破。如74101工作面控制周期来压的顶板预裂爆破可设计为扇形步距式控顶爆破,每组5孔,组间距为20 m,钻孔沿工作面倾向扇形布置,剖面图如图6-98所示。

扇形步距式控顶爆破可以控制工作面周期来压步距,使工作面顶板周期为每20 m破断一次,不至于形成较大悬顶,使工作面上覆顶板形成了区域性的应力降低区,有效降低了

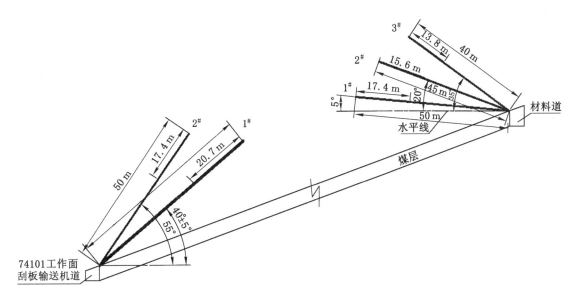

图 6-98　74101 工作面扇形爆破孔布置剖面图

工作面整体的冲击危险性。

6.8.2.4　深孔预卸压加煤层高压注水

扩大"创新使用长距离大直径钻孔预卸压加注水防冲技术"的使用范围,在工作面回采期间,继续使用该技术,对超前工作面进行深孔预卸压,并进行封孔,开展高压注水工作。

6.8.2.5　大直径预卸压钻孔

工作面回采间,根据区域划分冲击危险性,继续超前加密施工煤层大直径预卸压钻孔。

工作面回采间,根据综合指数法评价结果,结合分段划分冲击危险性,采用切顶爆破、断层爆破、煤层大直径预卸压钻孔、深孔预卸压＋高压注水、顶板步距式控顶爆破等技术进行综合防冲治理,可以满足安全生产需要。

6.8.2.6　顶板定向高压水力致裂技术

利用专用的刀具,人为地在岩层中预先切割出一个定向裂缝,在较短的时间内,注入高压水,使岩(煤)体沿定向裂缝扩展,从而实现对坚硬顶板的定向分层或切断,弱化坚硬顶板岩层的强度、整体性以及厚度,释放部分弹性能,以达到降低冲击危险性的目的。其优点为施工工艺简单,适用性强,对生产无影响,安全高效,对顶板型冲击地压的防控具有

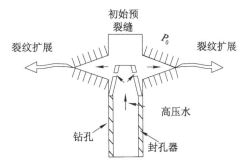

图 6-99　定向高压水力致裂原理图

针对性。定向高压水力致裂原理如图 6-99 所示。现场 93604 工作面顶板定向水力致裂试验应用如图 6-100 所示。

6.8.2.7　沿空巷道小孔密集爆破切顶护巷防冲技术

沿空掘巷在冲击地压和采动共同作用下,窄煤柱及顶板变形剧烈,难以支护,而冲击地

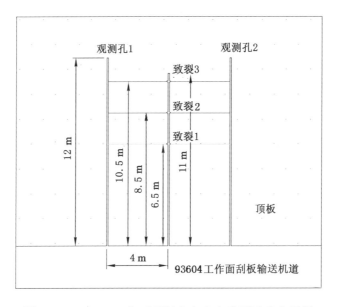

图 6-100　93604 工作面顶板定向水力致裂试验应用图

压造成的承载结构瞬时失稳则加剧了对支护体的破坏。因此,提出了在工作面侧实施小孔密集爆破切顶护巷技术,原理如图 6-101 所示,其在 92606 工作面和 92608 工作面得到了成功应用,效果显著。92606 工作面切顶护巷技术方案设计如图 6-102 所示,实施效果如图 6-103所示。

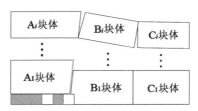

图 6-101　沿空巷道小孔密集爆破切顶护巷防冲技术原理

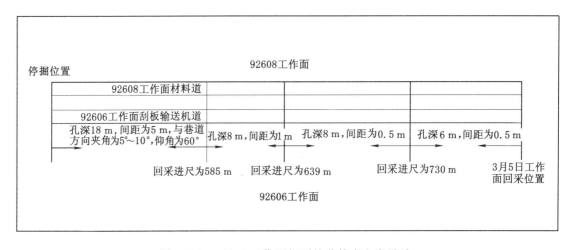

图 6-102　92606 工作面切顶护巷技术方案设计

(a) 装药钻孔1　　　　　　　　　　　(b) 装药钻孔2

(c) 治理效果1　　　　　　　　　　　(d) 治理效果2

图 6-103　92606 工作面切顶护巷技术实施效果

6.9　特殊地段冲击地压防控实用技术

6.9.1　特厚底煤区域底板卸压技术

当煤层厚度变化区掘进留底煤厚度大于 1 m 时,为防止底煤能量积聚,采取大直径卸压钻孔配合底板煤层爆破孔进行治理。

底板卸压钻孔布置在巷道中线位置,间距为 2 m,孔径为 127 mm,孔深至见矸,俯角为 30°(朝向迎头),使用 CMS1-6200/80 型液压钻车施工。钻孔施工结束后,使用编织带进行堵孔。

底板爆破孔布置在巷道两帮距底板 0.2～0.3 m 的位置,按 60°～70°俯角施工,间距为 3 m,孔深不小于 9 m 或至见矸,孔径为 42 mm,单孔装药量不大于 3 kg,封孔长度不小于 3 m。底板卸压孔平面布置示意图和剖面示意图分别如图 6-104 和图 6-105 所示。

6.9.2　下层煤过上覆工作面停采线技术

6.9.2.1　大直径深孔预卸压

巷道开窝前须施工大直径钻孔进行区域预卸压。大直径深孔预卸压共设计预卸压钻孔 5 个,钻孔直径为 129 mm,其中巷道内布置 2 个,巷道低帮呈扇形布置 3 个。1#、2# 预卸压孔深 65 m,3#、4#、5# 预卸压孔因受断层影响,施工至见矸(或施工至 65 m)。94101 工作面材料道卸压孔布置示意图如图 6-106 所示。

6.9.2.2　停采煤柱区域顶板预裂爆破

结合地质资料分析,为防止停采线煤柱、断层积聚的能量突然释放,须对顶板进行深孔

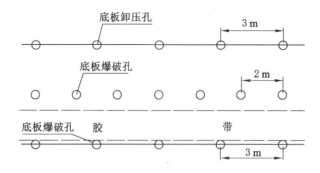

图 6-104　底板卸压孔平面布置示意图

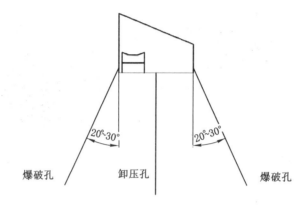

图 6-105　底板卸压孔剖面示意图

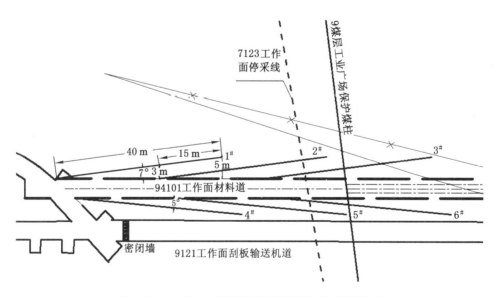

图 6-106　94101 工作面材料道卸压孔布置示意图

预裂爆破处理。

　　顶板预裂爆破孔共设计 3 组（6 个孔），爆破孔间距为 25 m，孔深 40 m，孔径为 89 mm，装药长度为 15 m，装药量为 40 kg，封孔长度不小于 14 m。顶板预裂爆破孔平面布置示意图和剖面示意图分别如图 6-107、图 6-108 所示。

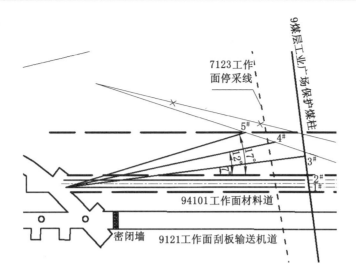

图 6-107 顶板预裂爆破孔平面布置示意图

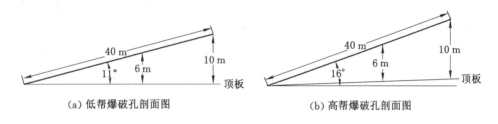

(a) 低帮爆破孔剖面图   (b) 高帮爆破孔剖面图

图 6-108 顶板爆破孔剖面示意图

6.9.3 大能量微震防控技术

在采区工作面掘进或回采过程中,如现场有煤炮声或监测到生产地点周边有震动时,标出 10^4 J 以上能量震动的影响范围（10^4 J 震动震源点半径为 50 m 范围,10^5 J 震动震源点半径为 100 m 范围,10^6 J 震动震源点半径为 150 m 范围）,在震动影响范围内应采取以下措施:

① 加强对巷道及硐室的支护,及时除掉活动顶板岩石和帮部碎块,要保护好顶板及煤帮,及时对破坏处进行修复。

② 随着巷道的掘进,每掘进 5～10 m,在迎头后方及时补打钻孔,提高抗震能力。

③ 加强对巷道及硐室的应力及围岩稳定性监测工作,及时指导巷道维护和卸压工作。

④ 控制采掘速度,降低采掘速度有利于能量以缓慢、低能级的形式释放。

⑤ 加强管理和个体防护工作,人员须站立,材料须固定,防止崩起伤人。

⑥ 对于易发生底鼓的区域,在工作面采掘过程中应制定防底鼓措施,进行煤体大直径钻孔卸压及底板卸压等。

6.10   工程案例

6.10.1 煤层卸压技术与参数

① 对于 9119 工作面材料道迎头的冲击地压防控,应采用大直径钻孔卸压和爆破相结合的措施。在迎头施工 2 个 25 m 深的卸压孔,孔间距为 1.5 m,在两侧肩角处施工 1 个倾

斜卸压孔,深度为30 m,偏角为30°,在卸压孔中下部施工1个10 m深的检测孔。施工完2个卸压孔之后,如果检测孔检测结果正常,则迎头正常掘进;如果检测孔钻屑异常,将钻屑孔当作爆破孔使用,装3 kg炸药进行爆破卸压,爆破后再进行检测;若不正常再卸压,直至正常。

　　② 在9119工作面两帮施工2个卸压孔,间距为1.6 m,孔深15 m;每天在迎头后方进行钻屑检验,如果检测孔钻屑正常,则工作面正常掘进;如果出现异常,则在检测孔中装上3 kg炸药,引发雷管,单孔爆破卸压,然后在前后10 m范围内进行检测;若异常再卸压,直至正常。

　　掘进巷大直径卸压钻孔和巷道迎头卸压孔布置示意图如图6-109～图6-111所示,帮部大直径卸压孔和爆破孔卸压设计参数分别见表6-7和表6-8。

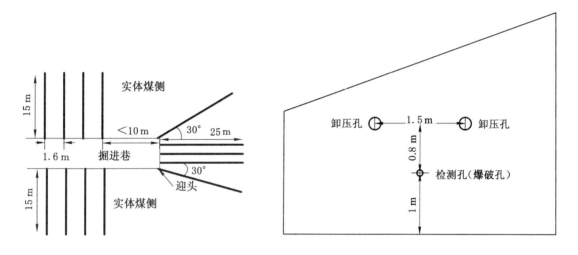

图6-109　掘进巷大直径卸压钻孔布置平面示意图　　　图6-110　巷道迎头卸压孔布置平面示意图

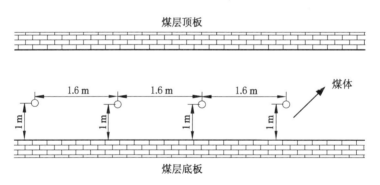

图6-111　掘进巷大直径卸压钻孔布置剖面示意图

表6-7　帮部大直径卸压孔设计参数

钻孔长度/m	钻孔倾角/(°)	孔径/mm	孔间距/m
15 m	平行于煤层	125	1.6

表6-8　爆破孔卸压设计参数

钻孔长度/m	钻孔倾角/(°)	孔径/mm	封孔长度/m	装药量/kg	封孔物品
10	垂直迎头	42	5	3	黄泥或水泡泥

6.10.2　顶板超前卸压技术与参数

9119 工作面顶板为厚的细砂岩,细砂岩坚硬且积聚了大量能量。通过对顶板实施爆破,能够释放顶板中的部分能量,同时切断了顶板的能量传递通道,使巷道处于周围形成的破碎区保护圈内。爆破钻孔直径为 90 mm,连线方式采用串联,正向一次起爆,孔底装药。

爆破孔施工角度示意图如图 6-112 所示,9119 工作面材料道第一组和后期各组爆破孔参数分别见表 6-9 和表 6-10。爆破孔施工平面示意图如图 6-113(a)所示。第一组硐室与第二组硐室间距为 60 m,在第一组硐室中施工 2 个爆破孔,参数见表 6-9,第一组爆破孔剖面示意图见图 6-113(b);施工完第一组爆破孔后,以后每组硐室施工 1 个爆破孔,硐室间距为 40 m,后期各组爆破孔剖面图见图 6-114。

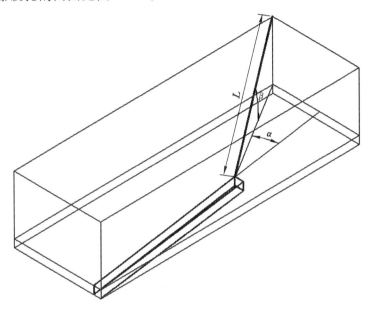

图 6-112　爆破孔施工角度示意图

表 6-9　9119 工作面材料道第一组爆破孔参数

编号	位置	与巷道方向夹角 α/(°)	与水平面夹角 β/(°)	钻孔长度 L/m	装药量/kg	装药长度/m
1	高帮孔	3	13	82	120	40
	低帮孔	3	9	82	120	40
2	高帮孔	10	32	35	60	20
	低帮孔	10	22	35	60	20

表 6-10　9119 工作面材料道后期各组爆破孔参数

位置	与巷道方向夹角 α /(°)	与水平面夹角 β /(°)	钻孔长度 L /m	装药量 /kg	装药长度 /m
高帮孔	3	12	50	90	30
低帮孔	3	9	50	90	30

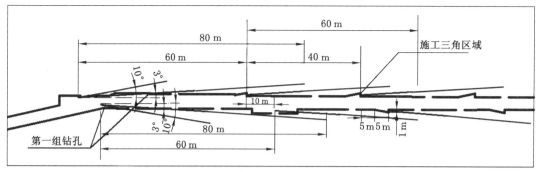

(a) 爆破孔施工平面示意图

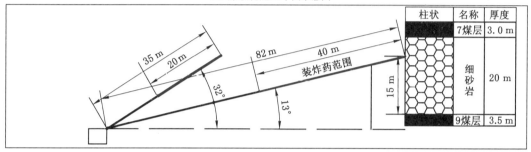

(b) 高帮爆破孔剖面示意图

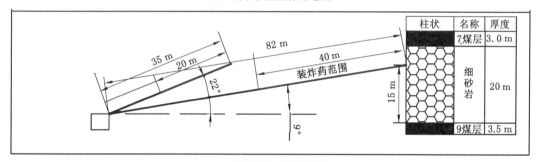

(c) 低帮爆破孔剖面示意图

图 6-113　第一组爆破孔布置示意图(蓝色线为装药位置)

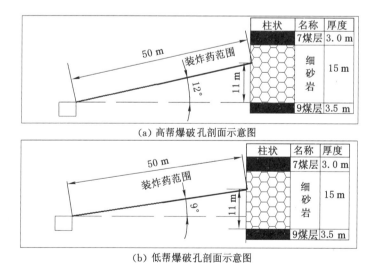

(a) 高帮爆破孔剖面示意图

(b) 低帮爆破孔剖面示意图

图 6-114　后期各组爆破孔剖面图(蓝色线为装药位置)

6.10.3　煤柱边缘区防冲技术

在 9119 工作面开切眼位置及运煤联络巷掘进过程中,均面临着上煤层煤柱边缘的冲击问题。当掘进到上煤柱下方边缘位置时,掘进巷道受到因上煤层的坚硬顶板破断而产生的动载、上煤层煤柱形成的应力集中以及本煤层在掘进过程中的超前支承压力和侧向支承压力的影响(图 6-115),多种因素导致了此区域冲击危险性较高。

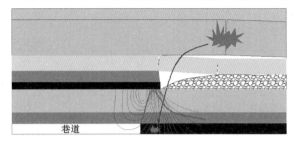

图 6-115　9119 工作面覆岩结构图

针对这种问题,采取的措施主要是对本煤层的超前深孔卸压和顶板的预裂爆破,一方面能降低巷道掘进过程中的静载应力,另一方面顶板爆破增大了动载传递过程中的衰减。

6.10.3.1　煤层卸压技术参数

在上煤层煤柱下方,提前施工大直径钻孔进行预卸压。在开切眼靠近工作面的位置施工 5 个 65 m 深的煤层卸压孔,每个卸压孔间距为 3 m;在采空区方向施工 5 个卸压孔,长度分别为 68 m、45 m、31 m、21 m、16 m;在开切眼位置由刮板输送机道向材料道方向施工 2 个 120 m 深的大直径卸压孔,卸压孔共计 12 个,累计长度共计 746 m。开切眼位置钻孔卸压方案如图 6-116 所示,卸压参数见表 6-11。

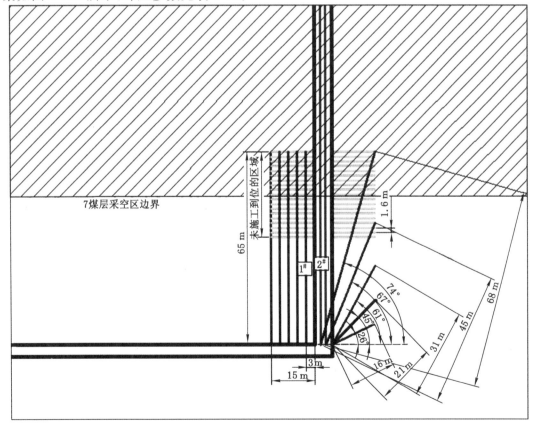

图 6-116　开切眼位置钻孔卸压方案

表 6-11　开切眼位置煤层卸压参数

卸压孔编号	施工数量/个	仰俯角/(°)	与巷道方向夹角/(°)	钻孔深度/m
1#	5	平行于煤层	垂直于巷帮	65
2#	2	平行于煤层	垂直于巷帮	120
3#	1	平行于煤层	74	68
4#	1	平行于煤层	67	45
5#	1	平行于煤层	61	31
6#	1	平行于煤层	45	21
7#	1	平行于煤层	26	16

6.10.3.2　顶板超前卸压技术参数

材料道停掘后,在材料道根据开切眼方向线施工 2 组顶板预裂爆破孔。爆破孔施工在开切眼的两侧(扩刷后),每侧一组(2 个孔),先施工 2# 爆破孔,后施工 1# 爆破孔,爆破孔共计 4 个,累计深度为 214 m。开切眼位置顶板预裂爆破参数见表 6-12,卸压方案如图 6-117 所示。

表 6-12　开切眼位置顶板预裂爆破参数

爆破孔编号	仰俯角/(°)	与巷道方向夹角/(°)	爆破孔深度/m	装药长度/m	装药量/kg
1#	−9	90	38	25	75
2#	−19	90	69	35	105
3#	−9	81	38	25	75
4#	−19	86	69	35	105

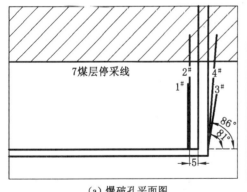

（a）爆破孔平面图

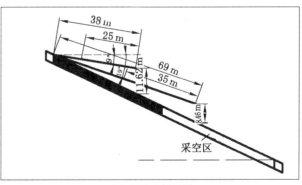

（b）爆破孔剖面图

图 6-117　开切眼位置顶板预裂爆破卸压方案

7　矿井防冲管理体系

7.1　防冲机构、队伍与制度建设

（1）矿井防冲领导小组

张双楼煤矿防控冲击地压管理领导小组组织结构如图 7-1 所示。

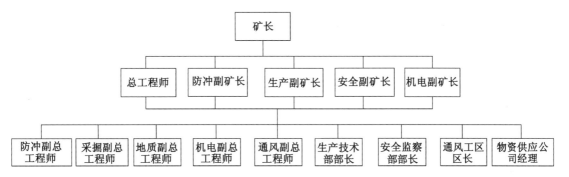

图 7-1　防冲管理领导小组结构图

（2）设立专门的防冲机构

张双楼煤矿成立了专门的防冲机构——防控冲击地压管理科,配备 17 名专职防冲管理人员,其中科长 1 名,副科长 1 名,技术主管 2 名,技术员 5 名,现场管理人员 4 名,冲击地压分析人员 4 名。

（3）防冲队伍建设

① 专职防冲队伍。张双楼煤矿成立了专业防冲施工队伍——防冲钻机队,设有队长 1 名,副队长 1 名,技术员 1 名,打钻作业人员 40 名。采掘工区现有防冲工 136 人,负责施工钻屑检测、钻孔卸压、爆破卸压、高压注水等防冲工作。

② 防冲研发团队。张双楼煤矿通过与江苏煤矿安全监察局徐州监察分局、中国矿业大学、江苏省矿山地震监测工程实验室合作,于 2018 年 8 月成立了防冲创新工作室。工作室现有名誉顾问 3 人,顾问 5 人,中国矿业大学合作专家 5 人;工作室设有组长 1 名,副组长 2 名,骨干成员 11 人。

工作室的主要职责是从事矿井冲击地压规律、危险评价与监测、防控技术与装备、安全管理研究及人才培养,解决冲击地压防控中遇到的技术难题。同时负责矿井防冲设备的革新、改造和试验;积极开展防冲新设备、新技术、新工艺的推广应用工作。

（4）明确岗位防冲职责

① 矿长为矿井防冲工作第一责任人，对防控工作全面负责；

② 生产副矿长具体分管防冲工作；

③ 总工程师是防冲工作的技术负责人，对防控技术工作负责；

④ 安全副矿长监督防冲工作的落实；

⑤ 机电副矿长监督冲击地压监测预警系统的建设、措施落实；

⑥ 分管副总工程师根据各自职责对分管范围内的防冲工作负责；

⑦ 防冲管理科科长负责矿井防冲工作安排、协调，检查指导防冲工作的开展情况和岗位责任制的落实情况；

⑧ 防冲管理科副科长协助科长做好防冲工作；

⑨ 防冲管理科技术主管负责防冲方面的规程、措施、规定等审查工作，编制防冲方面的评估及设计文件，并监督现场措施的执行；微震技术和井下应力在线监测管理工作；矿压技术管理工作；

⑩ 防冲管理科微震技术人员负责微震技术管理工作以及井下微震仪器维修、保养和资料分析工作；

⑪ 防冲管理科现场管理人员负责防冲技术基础资料的整理、归档和相关报表的上报工作，日常防冲方面的现场管理工作，设备、材料的领取、管理及发放工作；

⑫ 防冲钻机队负责矿井各防冲区域防冲工作的具体落实；

⑬ 防冲钻机队队长负责矿井冲击地压防控工作过程中的钻进管理工作，合理组织施工，确保现场符合技术要求，达到安全生产和安全生产标准化要求；

⑭ 防冲钻机队副队长负责井下防冲工程实施现场安全及措施落实工作；

⑮ 防冲钻机队技术员负责钻机队技术措施编制及措施落实工作。

（5）健全防冲管理制度

张双楼煤矿建立了冲击地压防控安全技术管理制度、防控岗位安全责任制度、防冲会议制度、防冲培训制度、冲击危险性监测制度、实时预警制度、处置调度和处理结果反馈制度、事故报告制度、检查验收制度、防冲机具管理制度、冲击地压安全防护制度、奖惩制度等，健全的防冲管理制度为防冲工作提供了坚实保障，防冲管理制度如图7-2所示。

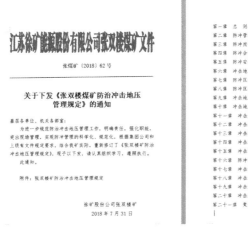

图 7-2　防冲管理制度

张双楼煤矿防冲管理机构完善,专职防冲管理人员、防冲队伍人员数量充足,管理制度健全,满足《煤矿安全规程》和《防治煤矿冲击地压细则》的要求。

7.2 防冲物资投入与防冲培训

7.2.1 防冲物资投入

（1）防冲经费投入

矿井不断加大防冲经费投入,购置完善防冲设备、材料和器具。2016—2019年累计投入防冲安全费用15 177.50万元,其中2020年度防冲安全费用计划为3 726.00万元,见表7-1。矿井防冲安全费用使用原则是:只要是防冲工作所需费用,不设上限,超多少矿井补贴多少,切实为防冲工作提供保障。

表 7-1　2020 年冲击地压防治专项安全费用预算表

序号	单位工程名称	计量单位	数量	费用/万元
1	SOS 微震系统 DLM-2001 拾震器	台	8	64.00
2	YHU260 型顶底板移近量动态报警仪	台	30	12.00
3	煤矿用深孔液压钻车	台	2	200.00
4	防冲治理工程	项	1	2 100.00
5	煤层注水工程	项	1	780.00
6	深孔预裂爆破	项	1	570.00
7	合计			3 726.00

（2）防冲卸压装备投入

现有防冲卸压装备包括 125~150 mm 大直径钻孔卸压 CMSI-6200/80 履带式钻机（图 7-3）8 台,CMSI-1300/22 履带式钻机 1 台,ZQJ-300/6 气动架柱式钻机 3 台,ZQJC-360/7.1 气动架柱式钻机（图 7-4）5 台,ZQJG-580/10.0 气动架柱式钻机 2 台,ZQJC-850/12.0S 气动架柱式钻机 5 台,ZQS-65/2.7S 气动手持式钻机（图 7-5）11 台,ZQSJ-140/4.3s 气动手持架柱式钻机（图 7-6）18 台,各类钻机合计 53 台。

图 7-3　CMSI-6200/80 履带式钻机

图 7-4　ZQJC-360/7.1 气动架柱式钻机

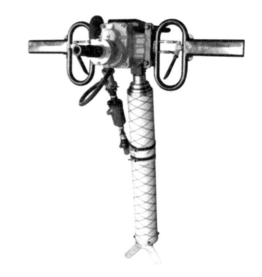

图 7-5　ZQS-65/2.7S 气动手持式钻机　　图 7-6　ZQSJ-140/4.3s 气动手持架柱式钻机

张双楼煤矿目前中等冲击危险性掘进工作面卸压钻机 1 用 1 备;中等冲击危险性架柱式工作面卸压钻机 2 用 1 备;强冲击危险性掘进工作面卸压钻机 2 用 1 备;强冲击危险性采煤工作面卸压钻机 2 用 2 备;开拓及准备巷道冲击危险性区域卸压钻机 1 用 1 备。张双楼煤矿有高压低流量注水泵 16 台,可保证中等及以上冲击危险性采掘工作面 1 用 1 备。该矿有 4 年开展顶板深孔预裂爆破卸压的工作经验。

尤其是 CMSI-6200/80 履带式钻机在张双楼煤矿的优化与改进,经改造钻杆连接套后使用 $\phi73$ mm×1 000 mm 肋骨通水钻杆配合 $\phi150$ mm 的钻头后(湿式钻进),水龙头改为 $\phi19$ mm 进水管,在钻进过程中利用水压将孔内的煤粉快速地排出,大大提高了卸压速度,解决了螺旋钻杆排粉慢的缺陷。该钻机具有扭矩大、钻进速度快、挪移方便等优点,根据现场跟班写实记录,15 m 煤层卸压钻孔单孔用时在 20~25 min 完成,顶板预裂爆破孔在 3.5 h 左右完成。在早班就基本能将卸压孔的工作完成,迎头施工煤层深孔卸压孔及顶板预裂爆破孔的工作也能在 2 h 内完成,迎头正常开展的卸压工作已不需要气动钻机,大大提高了张双楼煤矿的防冲能力与效率。

7.2.2　防冲培训

矿井定期对井下相关作业人员、班组长、技术员、区队长、防冲专业人员与管理人员进行冲击地压防控教育培训。

① 防冲工作相关人员参加了国家煤矿安全监察局在济南组织的《防治煤矿冲击地压细则》培训班,加深了对《防治煤矿冲击地压细则》的理解。

② 防冲工作相关人员参加了由中国矿业大学主办的 2019 年冲击地压监测预警及防治技术交流会,了解并掌握了冲击地压监测、防控方法等新成果。

③ 邀请了中国矿业大学窦林名教授、贺虎副教授对矿井管理人员进行了冲击地压事故警示教育以及防控技术培训,从冲击地压发生机理及现场防冲治理、事故案例分析等多个层面上重点进行了学习,提高了管理人员对防冲工作的重视程度以及防冲管理技术水平。

④ 重点开展了井下全员冲击地压基础知识自主培训,对新入矿职工进行重点培训。通

过培训使职工掌握了冲击地压的征兆、特征、常用监测和解危措施及发生冲击地压时的躲灾避难常识,提高了井下人员对冲击地压的认知程度及避灾能力。

张双楼煤矿防冲经费充足,防冲装备齐全,防冲培训有效,满足《煤矿安全规程》和《防治煤矿冲击地压细则》的要求。

7.3　安全防护技术

① 冲击危险区域现场设立防冲管理站,所有人员均严格执行"人员准入制度"。冲击地压煤层的掘进工作面 200 m 范围内进入人员不得超过 9 人,采煤工作面及两巷超前支护范围内进入人员生产班不得超过 16 人、检修班不得超过 40 人。

② 现场作业人员工作服、安全帽穿戴整齐;进入冲击危险性区域作业人员穿防冲服、戴防冲击头盔。

③ 供电、供液等设备放置在距冲击危险性采掘工作面不小于 200 m 的采动应力集中影响区外。使用铠装通信电缆,各类电缆留有垂度。

④ 采煤工作面超前支护距离中等冲击危险性区段不小于 10 m,强冲击危险性区段不小于 150 m,使用锚索、网柔性支护,超前支护范围内挂网防护。

⑤ 加强巷道的维护和清理,确保巷道断面达到设计和安全要求。冲击危险性区域内存放的备用物料、设备使用 3 分(3 分＝9.525 mm,下同)以上钢丝绳固定在帮部托梁上,长度大于 1.5 m 的物料、设备采用两道钢丝绳固定;零散物料先使用尼龙网覆盖后再使用钢丝绳固定;物料码放高度不大于 800 mm;钢丝绳、元宝卡必须紧固可靠;风水管路吊挂在巷道腰线以下,管路距底板大于 1.2 m 时使用 3 分以上钢丝绳固定在拖梁上,间距不大于 10 m。

⑥ 通过加强巷道支护强度可减小冲击地压危险性。张双楼煤矿在评价为中等及以上冲击危险性巷道掘进时,通过对巷道高帮施工帮部锚索,对巷道进行加强支护。抗冲击恒阻锚索见图 7-7,巷道支护断面图见图 7-8。

图 7-7　抗冲击恒阻锚索

⑦ 所有在该区域作业人员均要接受有关冲击地压知识的教育,熟悉冲击地压发生的应急措施及被困时的自救常识,掌握作业地点发生冲击地压灾害的避灾路线。

⑧ 当井下有冲击地压危险性时,班组长、调度员和防冲专业人员有权责令现场作业人员立即停止作业,停电撤人。

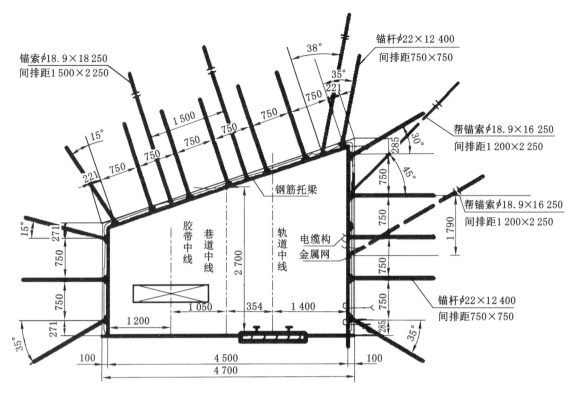

图 7-8 巷道支护断面图

7.4 防冲措施落实

防冲措施的现场落实是实现防冲安全的根本保障,张双楼煤矿制定了一系列保障防冲措施落实的制度,其中主要有钻孔验收制度和防冲考核制度。

7.4.1 钻孔验收制度

防冲区域现场瓦斯检查工负责监督现场人员按措施施工各类钻孔,安全质量管理员对煤粉量数据和钻孔动力效应做好现场原始记录,由工区管理人员、瓦斯检查工、安全质量管理员、施工负责人签字确认,上井后将原始记录交防冲管理科。当班的防冲卸压、检测数据要及时记录在专用记录表上。防冲钻孔要挂牌管理,牌板填写字体工整、字迹清晰、吊挂整齐。

防冲施工单位技术员以上干部对本单位施工的所有钻孔进行验收;防冲管理科人员下井对所到工作面当班已施工钻孔及前一天施工的钻孔进行验收;生产技术部、安全监察部采掘技术主管对钻孔验收每周不少于一次;分管防冲副总工程师对钻孔每周验收至少一次;总工程师对钻孔每月验收不少于一次。验收情况现场做好记录。

施工单位技术主管要建立钻孔管理台账。台账中一是要记录钻孔施工位置;二是要记录好开孔位置距顶板的距离;三是要记录钻孔施工过程中的异常现象、钻孔深度;四是将所施工卸压孔位置标定在采掘工程平面图上。防冲管理科负责整理钻孔台账、上图存档,将各类钻孔施工情况与生产技术部地测组进行交流分析。生产技术部地测组根据防冲钻孔资料定期分析煤层的赋存情况。区域性的防冲钻孔由生产技术部地测组提供底图,防冲管理科将所施工的钻孔填图,在图纸上标注清楚,定期与地测组交换资料,卸压孔出现见矸子未打至规定深度时,及时与地测组联系,共同分析原因,然后去现场验证,并调整钻孔参数。

7.4.2　防冲考核制度

① 严格执行防冲会议制度,如无故缺席,罚款 100 元/次;会议安排工作不落实,每项罚款 100 元;未按期落实,每推迟 1 d,罚款 50 元。

② 设计、规划及布局安排违反相关防冲管理规定的,每次对设计人员和防冲管理科科长罚款 200 元;现场情况发生变化未及时修改措施的,每次罚款工区技术主管 200 元,罚款防冲管理科技术主管 100 元。

③ 未及时制定冲击地压预测预报措施的,每次对工区技术主管罚款 500 元,对防冲管理科技术主管和科长罚款 300 元。

④ 钻孔施工、验收过程中出现造假现象的,对施工负责人按江苏徐矿能源股份有限公司高压红线处理。不按防冲措施执行的,检测时,每少检测 1 个点,责任人按"三违"考核,并罚款当班班长、安全质量管理员 100 元/人;每少检测 1 次,区长、技术主管按不履职考核。不按措施规定时间检测的,罚款技术主管 200 元/次。现场防冲钻孔施工角度与防冲措施不符的,施工负责人按"三违"考核。

⑤ 防冲监测系统维护管理单位因设备仪器维护管理不到位而导致设备仪器损坏的,必须按照原价赔偿,并对该单位责任人罚款 2 000～5 000 元。随意破坏线路造成监测系统数据中断的,每次罚责任人 1 000 元。线路中断必须在 24 h 内恢复,否则每次罚责任人 200 元。有关单位若因设备兼管不到位,影响矿井防冲监测数据的提供,造成严重后果的,责任人按严重"三违"处理。

⑥ 微震超预警值事件漏报的,每次对责任人罚款 200 元;出现动力现象,相关人员未到现场的,每次罚款 200 元。

⑦ 采掘工作面注水孔超前(滞后)工作面(迎头)距离、注水孔间距的,如超过规定,对施工负责人按"三违"考核,工区管理人员、瓦斯检查工各罚款 200 元。采掘工区区长必须根据工作面推进度及时安排施工钻孔,确保钻孔参数符合技术要求,否则对工区区长及相关负责人各罚款 100 元,对责任单位罚款 1 000 元;因现场施工不及时影响注水工作的,对当班管理人员罚款 100 元。发现钻孔相关参数与实际不符,弄虚作假的,责任人按严重"三违"处理,技术主管、工区区长按不履职考核,对责任单位罚款 2 000 元。

对违反防冲制度的行为,按照防冲考核制度发现一起罚款一起。严格的防冲钻孔验收制度和防冲考核制度保障了张双楼煤矿防冲措施的全面落实。

7.5　冲击危险应急处置

张双楼煤矿依据《生产安全事故报告和调查处理条例》《煤矿安全规程》《矿山救护规程》等法律法规,制定了《张双楼煤矿冲击地压事故应急预案》,成立了事故灾害应急救援指挥部。应急组织体系结构如图 7-9 所示。

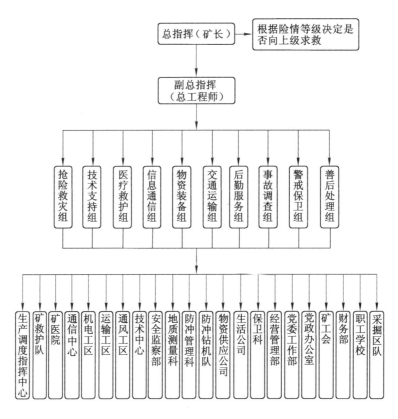

图 7-9　张双楼煤矿冲击地压应急组织体系结构

7.6　矿井综合防冲效果

7.6.1　全矿井防冲效果评价

经评价,张双楼煤矿的冲击危险性为中等。针对中等冲击危险性,该矿通过采区和工作面的设计优化降低了应力集中,制定了有效的监测预警与解危治理措施,通过严格的考核保证了监测卸压措施的现场兑现,落实了安全防护措施,保证了操作人员的安全,取得了良好的安全效果。

2016—2019 年,张双楼煤矿掘进了 1 个强冲击危险性掘进工作面、12 个中等冲击危险性掘进工作面,回采了 1 个强冲击危险性采煤工作面、7 个中等冲击危险性采煤工作面。其中,采深超千米的 3 个工作面,期间未发生冲击动力显现,实现了安全生产。2011 年以来杜绝了冲击地压灾害,近 3 年未发生过冲击动力显现,冲击地压防控效果良好。

张双楼煤矿于 2011 年安装了中国地震局 KJ20 矿震监测系统,2016 年安装了波兰 SOS 微震监测系统,期间监测到了大量震动数据。表 7-2 为 2011—2019 年微震监测系统数据统计分析。

从统计结果可以看出,在进行冲击地压治理后,开采诱发震动事件能量级主要为 10^4 J 以下,而 10^4 J 为江苏徐矿能源股份有限公司统计的冲击地压发生的最小能量级。其中,2011 年 3 月 10 日至 2016 年 3 月 9 日期间 10^4 J 及以上能量级的震动事件占总震动事件的比例为 3.55%,而 2016 年 3 月 10 日至 2019 年 12 月 31 日期间 10^4 J 及以上能量级的震动事件占总震动事件的比例仅为 0.23%,达到能够发生冲击地压能量级的震动事件占比进一步降低。由此可以看出,经过大量实施防控措施后,矿井已将冲击地压的危险性控制在较低水平。

表 7-2 2011—2019 年张双楼煤矿矿震统计

2011-03-10—2016-03-09			2016-03-10—2019-12-31		
能量等级/J	次数	所占比例/%	能量等级/J	次数	所占比例/%
<1 000	69 376	61.98	0~1 000	74 050	65.41
1 000~5 000	30 473	27.22	1 000~5 000	28 512	25.19
5 000~10 000	8 110	7.25	5 000~10 000	10 383	9.17
10 000~20 000	2 050	1.83	10 000~20 000	76	0.067
20 000~30 000	778	0.70	20 000~30 000	59	0.052
30 000~40 000	418	0.37	30 000~40 000	43	0.038
40 000~50 000	217	0.19	40 000~50 000	32	0.028
<50 000	515	0.46	大于 50 000	50	0.044
总计	111 937	100	总计	113 205	100

7.6.2 典型千米工作面防冲效果

张双楼煤矿已经安全回采千米埋深 74101 工作面、74102 工作面、94101 工作面等,通过实施科学有效的防冲技术与管理措施,治理效果显著。

其中,94101 工作面为 7 煤层采空区下方工作面,于 2017 年 8 月开始掘进,2018 年 9 月 6 日开始回采,在掘进与回采过程中综合采用了煤层大直径钻孔卸压、顶板深孔爆破、煤层注水、开切眼顶板爆破、顶板扇形孔切顶卸压爆破等技术,保证了工作面的安全回采。表 7-3 列举了 94101 工作面从回采开始至 2019 年 1 月 10 日的微震监测数据,回采过程中能量大于 5 000 J 的震动分布如图 7-10 所示。

表 7-3 2018 年 9 月 6 日至 2019 年 1 月 10 日 94101 工作面震动统计

能量等级/J	次数	所占比例/%
<1 000	2 215	77.53
1 000~5 000	476	16.66
5 000~10 000	166	5.81
总计	2 857	100

从图 7-10 可以看出,94101 工作面整体煤层应力水平较低,这从钻屑法检测与煤层大直径钻孔卸压也可以得到证明。震动主要受坚硬砂岩顶板运动与构造的影响,通过实施有针对性的防控措施,将冲击危险源消除,从而达到了显著的防冲效果。

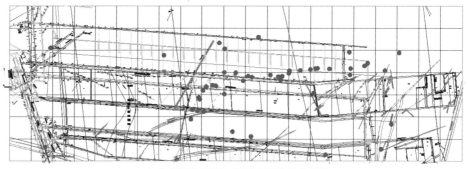

（a）能量为 5 000～6 000 J 震动的分布图

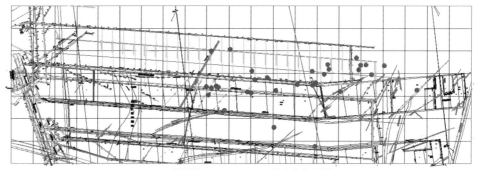

（b）能量为 6 000～7 000 J 震动的分布图

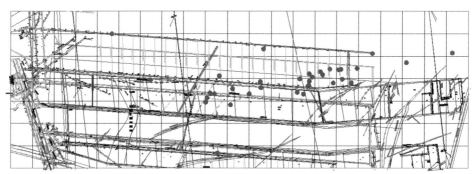

（c）能量为 7 000～8 000 J 震动的分布图

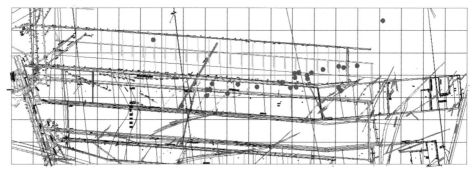

（d）能量为 8 000～9 000 J 震动的分布图

图 7-10　94101 工作面回采过程中能量大于 5 000 J 的震动分布图

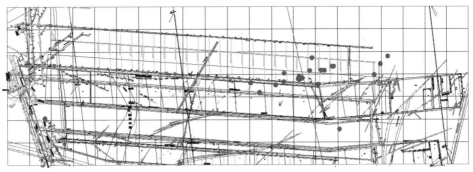

(e) 能量为 8 000~10 000 J 震动的分布图

图 7-10(续)

参 考 文 献

[1] 窦林名,牟宗龙,曹安业,等.煤矿冲击矿压防治[M].北京:科学出版社,2017.

[2] 蔡武.断层型冲击矿压的动静载叠加诱发原理及其监测预警研究[D].徐州:中国矿业大学,2015.

[3] 窦林名,姜耀东,曹安业,等.煤矿冲击矿压动静载的"应力场-震动波场"监测预警技术[J].岩石力学与工程学报,2017,36(4):803-811.

[4] 窦林名,何江,曹安业,等.动载诱发冲击机理及其控制对策探讨[C]//中国煤炭学会成立五十周年高层学术论坛论文集.北京:中国煤炭学会,2012.

[5] 窦林名,何江,曹安业,等.煤矿冲击矿压动静载叠加原理及其防治[J].煤炭学报,2015,40(7):1469-1476.

[6] 窦林名,贺虎.煤矿覆岩空间结构 OX-F-T 演化规律研究[J].岩石力学与工程学报,2012,31(3):453-460.

[7] 窦林名,牟宗龙,陆菜平,等.采矿地球物理理论与技术[M].北京:科学出版社,2014.

[8] 范军.煤矿定向割缝高压水力致裂防冲机理研究[D].徐州:中国矿业大学,2014.

[9] 高明仕,窦林名,张农,等.冲击矿压巷道围岩控制的强弱强力学模型及其应用分析[J].岩土力学,2008,29(2):359-364.

[10] 巩思园,窦林名,何江,等.深部冲击倾向煤岩循环加卸载的纵波波速与应力关系试验研究[J].岩土力学,2012,33(1):41-47.

[11] 巩思园,窦林名,徐晓菊,等.冲击倾向煤岩纵波波速与应力关系试验研究[J].采矿与安全工程学报,2012,29(1):67-71.

[12] 巩思园.矿震震动波波速层析成像原理及其预测煤矿冲击危险应用实践[D].徐州:中国矿业大学,2010.

[13] 郭晓强.厚煤层临空区巷道外错布置防冲技术研究[D].徐州:中国矿业大学,2012.

[14] 何江.煤矿采动动载对煤岩体的作用及诱冲机理研究[D].徐州:中国矿业大学,2013.

[15] 贺虎,窦林名,巩思园,等.高构造应力区矿震规律研究[J].中国矿业大学学报,2011,40(1):7-13.

[16] 贺虎,窦林名,巩思园,等.巷道防冲机理及支护控制研究[J].采矿与安全工程学报,2010,27(1):40-44.

[17] 贺虎,窦林名,巩思园,等.冲击矿压的声发射监测技术研究[J].岩土力学,2011,32(4):1262-1268.

[18] 贺虎.煤矿覆岩空间结构演化与诱冲机制研究[J].煤炭学报,2012,37(7):1245-1246.

[19] 姜福兴,苗小虎,王存文,等.构造控制型冲击地压的微地震监测预警研究与实践[J].煤炭学报,2010,35(6):900-903.

[20] 姜耀东,潘一山,姜福兴,等.我国煤炭开采中的冲击地压机理和防治[J].煤炭学报,2014,39(2):205-213.

[21] 蒋金泉,曲华,刘传孝.巷道围岩弱结构灾变失稳与破坏区域形态的奇异性[J].岩石力学与工程学报,2005,24(18):3373-3379.

[22] 井广成,曹安业,窦林名,等.煤矿褶皱构造区冲击矿压震源机制[J].煤炭学报,2017,42(1):203-211.

[23] 康红普,等.煤岩体地质力学原位测试及在围岩控制中的应用[M].北京:科学出版社,2013.

[24] 李明,茅献彪,茅蓉蓉,等.基于尖点突变模型的巷道围岩屈曲失稳规律研究[J].采矿与安全工程学报,2014,31(3):379-384.

[25] 李志华,窦林名,曹安业,等.采动影响下断层滑移诱发煤岩冲击机理[J].煤炭学报,2011(增刊):68-73.

[26] 刘晓斐.冲击地压电磁辐射前兆信息的时间序列数据挖掘及群体识别体系研究[D].徐州:中国矿业大学,2008.

[27] 卢爱红,郁时炼,秦昊,等.应力波作用下巷道围岩层裂结构的稳定性研究[J].中国矿业大学学报,2008,37(6):769-774,779.

[28] 陆菜平,窦林名,郭晓强,等.顶板岩层破断诱发矿震的频谱特征[J].岩石力学与工程学报,2010,29(5):1017-1022.

[29] 陆菜平,窦林名,王耀峰,等.坚硬顶板诱发煤体冲击破坏的微震效应[J].地球物理学报,2010,53(2):450-456.

[30] 陆菜平,窦林名,吴兴荣,等.煤矿冲击矿压的强度弱化[J].北京科技大学学报,2007,29(11):1074-1078.

[31] 陆菜平.组合煤岩的强度弱化减冲原理及其应用[D].徐州:中国矿业大学,2008.

[32] 牟宗龙,窦林名,李慧民,等.顶板岩层特性对煤体冲击影响的数值模拟[J].采矿与安全工程学报,2009,26(1):25-30.

[33] 牟宗龙.顶板岩层诱发冲击的冲能原理及其应用研究[D].徐州:中国矿业大学,2007.

[34] 潘俊锋.冲击地压的冲击启动机理及其应用[D].北京:煤炭科学研究总院,2016.

[35] 潘立友,张文革,杨慧珠.冲击煤体扩容特性的实验研究[J].山东科技大学学报(自然科学版),2005,24(1):18-20.

[36] 平健,李仕雄,陈虹燕,等.微震定位原理与实现[J].金属矿山,2010(1):167-169.

[37] 齐庆新,窦林名.冲击地压理论与技术[M].徐州:中国矿业大学出版社,2008.

[38] 钱七虎.岩爆、冲击地压的定义、机制、分类及其定量预测模型[J].岩土力学,2014,35(1):1-6.

[39] 撒占友,何学秋,王恩元.煤岩变形破坏电磁辐射记忆效应的力电耦合规律[J].地球物理学报,2006,49(5):1517-1522.

[40] 撒占友,王恩元.煤岩破坏电磁辐射信号的短时分形模糊滤波[J].电波科学学报,2007,22(2):191-195,211.

[41] 撒占友,何学秋,王恩元,等.煤岩变形破坏电磁辐射记忆效应实验研究[J].地球物理学报,2005,48(2):379-385.

[42] 宋大钊,王恩元,刘晓斐,等.煤岩循环加载破坏电磁辐射能与耗散能的关系[J].中国矿业大学学报,2012,41(2):175-181.

[43] 苏生瑞,黄润秋,王士天.断裂构造对地应力场的影响及其工程应用[M].北京:科学出版社,2002.

[44] 孙强,刘晓斐,薛雷.煤系岩石脆性破坏临界电磁辐射信息分析[J].应用基础与工程科学学报,2012,20(6):1006-1013.

[45] 田玥,陈晓非.地震定位研究综述[J].地球物理学进展,2002,17(1):147-155.

[46] 王恩元,何学秋,李忠辉,等.煤岩电磁辐射技术及其应用[M].北京:科学出版社,2009.

[47] 王恩元,何学秋,刘贞堂,等.受载岩石电磁辐射特性及其应用研究[J].岩石力学与工程学报,2002,21(10):1473-1477.

[48] 王恩元,何学秋.煤岩变形破裂电磁辐射的实验研究[J].地球物理学报,2000,43(1):131-137.

[49] 王桂峰,窦林名,李振雷,等.支护防冲能力计算及微震反求支护参数可行性分析[J].岩石力学与工程学报,2015(增刊2):4125-4131.

[50] 王金安,李飞.复杂地应力场反演优化算法及研究新进展[J].中国矿业大学学报,2015,44(2):189-205.

[51] 王金安,刘航,李铁.临近断层开采动力危险区划分数值模拟研究[J].岩石力学与工程学报,2007,26(1):28-35.

[52] 王金安,王树仁,冯锦艳,等.岩土工程数值计算方法实用教程[M].北京:科学出版社,2010.

[53] 王正义,窦林名,王桂峰.动载作用下圆形巷道锚杆支护结构破坏机理研究[J].岩土工程学报,2015,37(10):1901-1909.

[54] 吴建星,刘佳.矿山微震定位计算与应用研究[J].武汉科技大学学报(自然科学版),2013,36(4):308-310,320.

[55] 吴向前.保护层的降压减震吸能效应及其应用研究[D].徐州:中国矿业大学,2012.

[56] 谢和平,彭苏萍,何满潮.深部开采基础理论与工程实践[M].北京:科学出版社,2006.

[57] 谢龙.褶皱区特厚煤层巷道底板冲击机理及防治研究[D].徐州:中国矿业大学,2013.

[58] 谢兴楠,叶根喜,柳建新.矿山尺度下微震定位精度及稳定性控制初探[J].岩土工程学报,2014,36(5):899-904.

[59] 徐学锋,窦林名,刘军,等.煤矿巷道底板冲击矿压发生的原因及控制研究[J].岩土力学,2010,31(6):1977-1982.

[60] 徐学锋.煤层巷道底板冲击机理及其控制研究[D].徐州:中国矿业大学,2011.

[61] 翟明华,姜福兴,齐庆新,等.冲击地压分类防治体系研究与应用[J].煤炭学报,2017,42(12):3116-3124.

[62] 张军.煤柱冲击核效应及其控制研究[D].徐州:中国矿业大学,2007.

[63] 张明伟,窦林名,王占成,等.深井巷道过断层群期间微震规律分析[J].煤炭科学技术,

2010,38(5):9-12,16.

[64] 张宁博.断层冲击地压发生机制与工程实践[D].北京:煤炭科学研究总院,2014.

[65] 张翔宇,窦林名,王晓亮,等.深孔爆破防治煤柱冲击参数优化及应用[J].采矿与安全工程学报,2009,26(3):292-296.

[66] 张晓春,缪协兴,杨挺青.冲击矿压的层裂板模型及实验研究[J].岩石力学与工程学报,1999,18(5):507-511.

[67] 朱权洁,姜福兴,王存文,等.微震波自动拾取与多通道联合定位优化[J].煤炭学报,2013,38(3):397-403.

[68] 左宇军,李夕兵,马春德,等.动静组合载荷作用下岩石失稳破坏的突变理论模型与试验研究[J].岩石力学与工程学报,2005,24(5):741-746.

[69] ALBER M,FRITSCHEN R,BISCHOFF M,et al. Rock mechanical investigations of seismic events in a deep longwall coal mine[J]. International journal of rock mechanics and mining sciences,2009,46(2):408-420.

[70] BLAKE W,HEDLEY D G F. Rockbursts:case studies from North American hardrock mines[M]. Littleton:Society for Mining Metallurgy and Exploration,Inc,2003.

[71] BUKOWSKA M. The probability of rockburst occurrence in the Upper Silesian Coal Basin area dependent on natural mining conditions[J]. Journal of mining science,2006,42(6):570-577.

[72] CAI W,DOU L M,HE J,et al. Mechanical genesis of Henan(China)Yima thrust nappe structure[J]. Journal of Central South University,2014,21(7):2857-2865.

[73] CAI W,DOU L M,GONG S Y,et al. Quantitative analysis of seismic velocity tomography in rock burst hazard assessment[J]. Natural hazards,2015,75(3):2453-2465.

[74] CHEN X H,LI W Q,YAN X Y. Analysis on rock burst danger when fully-mechanized caving coal face passed fault with deep mining[J]. Safety science,2012,50(4):645-648.

[75] DOU L M,HE X Q,HE H,et al. Spatial structure evolution of overlying strata and inducing mechanism of rockburst in coal mine[J]. Transactions of nonferrous metals society of China,2014,24(4):1255-1261.

[76] DOU L M,LU C P,MU Z L,et al. Prevention and forecasting of rock burst hazards in coal mines[J]. Mining science and technology(China),2009,19(5):585-591.

[77] DOU L M,MU Z L,LI Z L,et al. Research progress of monitoring,forecasting,and prevention of rockburst in underground coal mining in China[J]. International journal of coal science & technology,2014,1(3):278-288.

[78] DOU L M,CHEN T J,GONG S Y,et al. Rockburst hazard determination by using computed tomography technology in deep workface[J]. Safety science,2012,50(4):736-740.

[79] FAN J,DOU L M,HE H,et al. Directional hydraulic fracturing to control hard-roof rockburst in coal mines[J]. International journal of mining science and technology,2012,22(2):177-181.

[80] FRANKEL A,MUELLER C S,BARNHARD T,et al. USGS national seismic hazard maps[J]. Earthquake spectra,2000,16(1):1-19.

[81] GE M C. Efficient mine microseismic monitoring[J]. International journal of coal geology,2005,64(1/2):44-56.

[82] GE M C. Analysis of source location algorithms part Ⅱ: iterative methods[J]. Journal of acoustic emission,2003,21:29-51.

[83] HE H,DOU L M,FAN J,et al. Deep-hole directional fracturing of thick hard roof for rockburst prevention[J]. Tunnelling and underground space technology,2012,32:34-43.

[84] HE H,DOU L M,LI X W,et al. Active velocity tomography for assessing rock burst hazards in a kilometer deep mine[J]. Mining science and technology (China),2011,21(5):673-676.

[85] HE X Q,CHEN W X,NIE B S,et al. Electromagnetic emission theory and its application to dynamic phenomena in coal-rock[J]. International journal of rock mechanics and mining sciences,2011,48(8):1352-1358.

[86] HOSSEINI N,ORAEE K,SHAHRIAR K,et al. Passive seismic velocity tomography and geostatistical simulation on longwall mining panel[J]. Archives of mining sciences,2012,57(1):139-155.

[87] HOSSEINI N,ORAEE K,SHAHRIAR K,et al. Passive seismic velocity tomography on longwall mining panel based on simultaneous iterative reconstructive technique (SIRT)[J]. Journal of Central South University,2012,19(8):2297-2306.

[88] HOSSEINI N,ORAEE K,SHAHRIAR K,et al. Studying the stress redistribution around the longwall mining panel using passive seismic velocity tomography and geostatistical estimation[J]. Arabian journal of geosciences,2013,6(5):1407-1416.

[89] IANNACCHIONE A T,TADOLINI S C. Occurrence,predication,and control of coal burst events in the US[J]. International journal of mining science and technology,2016,26(1):39-46.

[90] LU C P,DOU L M,LIU B,et al. Microseismic low-frequency precursor effect of bursting failure of coal and rock[J]. Journal of applied geophysics,2012,79(4):55-63.

[91] LU C P,DOU L M,ZHANG N,et al. Microseismic frequency-spectrum evolutionary rule of rockburst triggered by roof fall[J]. International journal of rock mechanics and mining sciences,2013,64:6-16.

[92] LU C P,LIU G J,LIU Y,et al. Microseismic multi-parameter characteristics of rockburst hazard induced by hard roof fall and high stress concentration[J]. International journal of rock mechanics and mining sciences,2015,76:18-32.

[93] LUXBACHER K D. Time-lapse passive seismic velocity tomography of longwall coal mines: a comparison of methods[D]. Blacksburg, Virginia: Virginia Polytechnic Institute and State University,2008.

[94] LUXBACHER K,WESTMAN E,SWANSON P,et al. Three-dimensional time-lapse velocity tomography of an underground longwall panel[J]. International journal of rock mechanics and mining sciences,2008,45(4):478-485.

[95] SHEN W,DOU L M,HE H,et al. Rock burst assessment in multi-seam mining:a case study[J]. Arabian journal of geosciences,2017,10(8):1-11.

[96] GIBOWICZ S J,LASOCKI S. Seismicity induced by mining:ten years later[J]. Advances in geophysics,2001,44:39-181.

[97] TANG B Y. Rockburst control using destress blasting[D]. Montreal:McGill University,2000.

[98] VARDOULAKIS I. Rock bursting as a surface instability phenomenon[J]. International journal of rock mechanics and mining sciences & geomechanics abstracts,1984,21(3):137-144.

[99] WANG E Y,HE X Q,WEI J P,et al. Electromagnetic emission graded warning model and its applications against coal rock dynamic collapses[J]. International journal of rock mechanics and mining sciences,2011,48(4):556-564.

[100] WANG G F,GONG S Y,LI Z L,et al. Evolution of stress concentration and energy release before rock bursts:two case studies from Xingan coal mine,Hegang,China [J]. Rock mechanics and rock engineering,2016,49(8):3393-3401.

[101] ZHU G G,DOU L M,CAI W,et al. Case study of passive seismic velocity tomography in rock burst hazard assessment during underground coal entry excavation [J]. Rock mechanics and rock engineering,2016,49(12):4945-4955.